意志力

成就非凡人生

李波 主编

中学生成功启示系列

YIZHILI CHENGJIU FEIFAN
RENSHENG

8

3

时代出版传媒股份有限公司
安徽科学技术出版社

图书在版编目（ＣＩＰ）数据

意志力成就非凡人生/李波主编. —合肥:安徽
科学技术出版社,2014.3
（中学生成功启示系列）
ISBN 978-7-5337-6186-8

Ⅰ.①意…　Ⅱ.①李…　Ⅲ.①意志-青年读物②意志
-少年读物　Ⅳ.①B848.4-49

中国版本图书馆 CIP 数据核字（2013）第 240827 号

意志力成就非凡人生　　　　　　　　　　　　　　　　李 波 主编

出 版 人：黄和平　　选题策划：教育图书发展部　　责任编辑：陶善勇
责任印制：梁东兵　　封面设计：红十月工作室
出版发行：时代出版传媒股份有限公司　http://www.press-mart.com
　　　　　安徽科学技术出版社　　　　　http://www.ahstp.net
　　　　　（合肥市政务文化新区翡翠路 1118 号出版传媒广场,邮编:230071）
　　　　　电话：(0551)63533330
印　　制：北京一鑫印务有限责任公司
（如发现印装质量问题,影响阅读,请与印刷厂商联系调换）

开本：705×960　1/16　　印张：12　　　　字数：220 千
版次：2014 年 3 月第 1 版　　2014 年 3 月第 1 次印刷

ISBN 978-7-5337-6186-8　　　　　　　　定价：29.80 元

前　言

　　意志力是一种发自于内心的，自我驱动的力量，它是每个成功人士都拥有的最主要的精神特质。对于任何一个健康的人来说，意志力都扮演着三种重要的角色：强大的意志力是身体的主人；正确的意志力是心智功能的统帅；完善的意志力是个人道德的导师（关于意志力的这三种作用，我们将会在本书中对您作详细的阐述）。

　　人的意志力可以比作充电电池，其放电能量的大小取决于它的容量和它的疏导系统。它可以积聚很多的能量，在恰当的操作下可以释放出强劲的电流。在某个事件或者某种特殊的情况刺激下产生能量。因而，一个能自觉修炼自己意志的人，将获得无比巨大的力量。这种力量不仅能够完全地控制一个人的精神世界，而且能够引导人的心智达到前所未有的高度——意志力会帮助他克服各种困难，并最终到达成功的彼岸。

　　罗素·康维尔博士说："古往今来，人们都在不停地谈论着成功的秘诀。但其实，成功并没有什么秘诀。成功的声音一直在芸芸众生的耳边萦绕，只是没有人理会它罢了。而它反复述说的就是一个词——意志力。任何一个人，只要听见了它的声音并且用心去体会，就会获得足够的能量去攀越生命的巅峰。这些年来，我一直致力于一项事业——试图在人们的思想中植入这样一种观念：只要给予意志力以支配生命的自由，那么我们就会无坚不摧、无往不利。"

　　事实的确如此，世界上没有任何东西能够取代意志力——机遇不能，智慧不能，财富不能，社会背景也不能。

　　要想使水变成蒸气，在一个标准大气压的条件下，必须把水烧到100摄氏度。水只有在沸腾后，才能变成蒸气，产生推动力，才能开动火车。"温热"的水是不能推动任何东西的。

可是在现实生活中，许多人却想用温热的水或半沸的水，去推动他们生命的火车，他们不反省自己为什么不能成功，却诧异自己在事业上为什么总是默默不闻、不能出人头地。

他们不知道一个人对待生命的温热态度，对于他自己的事业或工作所产生的影响，与温热的水对于火车所产生的影响相同。

一个伟大而有价值的生命，它一定是怀着可以主宰、统治、调遣其他一切意志念头的中心意志。没有这种中心意志，人的"能量之水"是不会达到沸点的，生命的火车同样也是不能向前跃进的。

尽管我们每个人都想做一件事，希望成就一件事，但真能成功的，却只有那些怀着中心意志或意志坚强的人。只有那些积极的、有建设与创造本领的人，才可能产生强有力的中心意志。

有坚强的中心意志的人，他一定能在社会上找到其重要的地位，为他人所敬仰。他的言语行动都表现出他是一个有主见、有作为、有生命目标的人。他朝着目标前进，犹如箭头射向靶心。拥有这样坚强的中心意志，一切的阻碍都将不存在。

坚忍的意志、远大的目标，是护卫青年人生命旅程的有力武器，它能使青年人免去种种试探与引诱，而不至堕落到罪恶的深渊中去。

在人类历史上，依靠意志比依靠权势获得成功的人要多得多。所有伟大的成功者，也许有这样那样的缺陷或弱点，但具备"杰出非凡的意志"，却是他们的共同特征。无论遭遇什么样的挫折，身处怎样恶劣的环境，或是承受多么巨大的灾难，都无法消磨他们奋发向上的决心，无法阻止他们勇往直前的步伐——他们唯一在做的就是前进，前进，再前进！

意志力对于人类确实具有非比寻常的意义，因为它往往能够决定一个人的命运，其至它的影响要远远高于智商的影响。因此，我们务必要重视训练和提升自己的意志力。

然而，令人遗憾的是，目前却很少有作品对这一问题进行专门论述。

为了帮助广大读者系统地了解与提升自己的意志力，本书分两部分向读者展开。第一部分在深入阐述意志力内涵的同时，结合古今中外、感人至深的人物事迹，让读者深切地感悟到意志力的独特魅力。第二部分阐述了提高自身意志力的具体方法和一个人成功必须具备的意志品质，希望读者能够在以后的生活实践中，自觉地调动、训练和提升自己的意志力，并以此开创自己崭新的人生。

目　录

第一部分　意志力引爆生命潜能

第二部分　如何塑造良好的意志品质

第一部分 意志力引爆生命潜能

有一个农夫拥有一块土地，生活过得很不错。他听说有的土地下面埋着钻石。众所周知，一块钻石足以使一个人非常富有。于是，农夫把自己的地卖了，离家出走，四处寻找可以发现钻石的土地。农夫走向遥远的异国他乡，然而却从未发现钻石。最后，他囊空如洗。在一个晚上，他满怀绝望之情，在一个海滩自杀身亡。

正所谓无巧不成书！那个买下这个农夫的土地的人在散步时，竟发现了一块异样的石头，他拾起来一看，它晶光闪闪，反射出光芒。他仔细察看，发现这竟是一块钻石。这样，就在农夫卖掉的这块土地上，新主人发现了从未被农夫和其他人发现的最大的钻石宝藏。

这个自杀身亡的农夫并不懂得：财富不是仅凭奔走四方去发现的，它只属于那些自己去挖掘的人，只属于依靠自己的土地的人，只属于相信自己能力的人。

这个故事也让我们懂得：在我们身上蕴藏着巨大的潜力和能力。我们身上的这些潜能足以使我们的理想变成现实。只要我们不懈地挖掘自己的潜能，不懈地运用自己的潜能，为实现理想付出辛劳，我们就能够做好想做的一切，就能够成为自己生命的主宰。

每个人身上都有自己巨大的"钻石宝藏"，每一个人都是一个巨大的未知，同样每一个人都可能创造一个巨大的奇迹。因此，佛教倡导明心见性，我心即佛，每一个人都能够成佛，强调每一个人都有可能实现自己的终极觉悟。佛不是一种外在的东西，佛就在我们心中，我心即佛。但是由于诸多俗事的缠绕，人心被蔽于浑浊的世俗中，人也就失去了创造奇迹的可能，放弃了他们巨大的未知。潜能，就是被人放弃的一种巨大的未知，是被人所忽视的"钻石宝藏"。

这种极昂贵的生命资源，人却贱视了，甚至浑然不知。这比失去任何财物都更令人痛心。

人与人之间、强者与弱者之间、大人物与小人物之间最大的差异，就在于其意志的力量，即所向无敌的决心。一旦确立了一个目标，就要坚持到底，不在奋斗中成功，便在奋斗中死亡。具备这样的品质，你就能在世界上做成任何事情。

——伯克斯顿

第一章 意志力蕴藏无限潜能

每个人的体内都潜伏着一股神赐的，无所不能的力量——意志力。根据这力量的大小，还可判断出一个人的意志力是薄弱的，还是强大的；是发展良好的，还是存在障碍的。意志力似乎不存在于普通的感官中，而是隐藏在心灵深处。凭借这种力量，你就能实现你想实现的梦想，成为你想成为的人物。

意志力是自我引导的力量

意志力是自我引导的精神力量，意志力在人的生活中发挥着巨大的作用。无论是就人的认知能力的发展来说，还是就人的情感能力的发展来说，意志都具有主导性的地位和功能。意志是人的主观能动性的集中体现。人，靠着巨大的意志力量塑造着自我，改造着自然和社会，创造着人间奇迹。

意志是人最重要的心理素质，是成功者必不可少的"精神钙质"。那么意志力的含义究竟是什么呢？

我们不急于给意志力下一个抽象的定义，不妨先了解著名的世界冠军威尔玛的成长经历，从中我们会对意志力的内涵有深切的领悟。

1940年6月23日，在美国一个贫困的铁路工人家庭，一位黑人妇女生下了她一生中的第二十个孩子，这是个女孩，取名威尔玛·鲁道夫。

威尔玛4岁那年，不幸同时患上了双侧肺炎和猩红热。在那个年代，肺炎和猩红热都是致命的疾病。母亲每天抱着小威尔玛到处求医，医生们都摇头说难治，她以为这个孩子保不住了。然而，这个瘦小的孩子居然挺了过来。威尔玛勉强捡回来一条命，猩红热引发了小儿麻痹症，她的左腿因此残疾了。从此，幼小的威尔玛不得不靠拐杖来行走。看到邻居家的孩子追逐奔跑时，威尔玛的心中蒙上了一团阴影，她沮丧极了。

在她生命中那段灰暗的日子里，经历了太多苦难的母亲却不断地鼓励她，希望她相信自己并能超越自己。虽然有一大堆孩子，母亲还是把许多心血倾注在这个不幸的小女儿身上。母亲的鼓励给了威尔玛希望的阳光，威尔玛曾经对母亲说："我的心中有个梦，不知道能不能实现。"母亲问威尔玛的梦想是什么。威尔玛坚定地说："我想比邻居家的孩子跑得还快！"

母亲虽然一直不断地鼓励她，可此时还是忍不住哭了，她知道孩子的这个梦想将永远不会实现，除非奇迹出现。

在威尔玛5岁那年，一天，母亲听说城里有位善良的医生免费为穷人家的孩子治病。母亲便把女儿抱进手推车，推着她走了3天，来到城里的那家医院。母亲满怀希望地恳求医生帮助自己的孩子。医生仔细地为威尔玛做了检查，然后进到里屋。医生出来的时候拿了一副拐杖。母亲对医生说："我们已经有拐杖了。我希望她能靠自己的腿走路，不是借助拐杖。"医生说："你的孩子患的是严重的小儿麻痹症，只有借助拐杖才能行走。"

坚强的母亲没有放弃希望，后来，她从朋友那里打听到一种治疗小儿麻痹症的简易方法，那就是泡热水和按摩。母亲每天坚持为威尔玛按摩，并号召家里的人一有空就为威尔玛按摩。母亲还不断地打听治疗小儿麻痹症的偏方，买来各种各样的草药为威尔玛涂抹。

奇迹终于出现了！9岁那年的一天，威尔玛扔掉拐杖站了起来。母亲一把抱住自己的孩子，泪如雨下。4年的艰辛和期盼终于看到了回报！

11岁之前，威尔玛还是不能正常行走，她每天穿着一双特制的钉鞋练习走路。开始时，她在母亲和兄弟姐妹的帮助下一小步一小步地行走，渐渐地能穿着钉鞋独自行走了。11岁那年的夏天，威尔玛看见几个哥哥在院子里打篮球，她一时看得入了迷，看得自己心里也痒痒的，就脱下笨重的钉鞋，赤脚去和哥哥们玩篮球。一个哥哥大叫起来："威尔玛会走路了！"那天威尔玛可开心了，赤脚在院子里走个不停，仿佛要把几年里没有走过的路全补回来似的。全家人都集中在院子里看威尔玛赤脚走路，他们觉得威尔玛走路比世界上其他任何节目都好看。

13岁那年，威尔玛决定参加中学举办的短跑比赛。学校的老师和同学都知道她曾经得过小儿麻痹症，直到此时腿脚还不是很利索，便都好心地劝她放弃比赛。威尔玛决意要参加比赛，老师只好通知她母亲，希望母亲能好好劝劝她。然而，母亲却说："她的腿已经好了。让她参加吧，我相信她能超越自己。"事实证明母亲的话是正确的。

比赛那天，母亲也到学校为威尔玛加油。威尔玛靠着惊人的毅力一举夺得100米和200米短跑的冠军，震惊了校园，老师和同学们也对她刮目相看。从此，威尔玛爱上了短跑运动，一有短跑比赛，威尔玛总会想办法参加，并总能获得不错的名次。同学们不知道威尔玛曾经不太灵便的腿为什么一下子变得那么神奇，只有母亲知道女儿成功背后的艰辛。坚强而倔强的女儿为了实现比邻居家的孩子跑得还快的梦想，每天早上坚持练习短跑，直练到小腿发胀、酸痛也不放弃。

在1956年奥运会上，16岁的威尔玛参加了4×100米的短跑接力赛，并和队友一起获得了铜牌。1960年，威尔玛在美国田径锦标赛上以22秒9的成绩创造了200米的世界纪录。在当年举行的罗马奥运会上，威尔玛迎来了她体育生涯中辉煌的巅峰。她参加了100米、200米和4×100米接力赛，每场必胜，接连获得了3块奥运金牌。

是什么力量能让一个从小就左腿残疾的小孩闯过命运的低谷，并最终成长为震惊世界的田径冠军？答案就是：她的意志给她在不屈不挠的人生之路上输送源源不断的力量。

意志是人自觉地确定目的，并根据目的调节支配自身的行动，克服困难，去实现预定目标的心理过程，是人的主观能动性的突出表现形式。意志力本身是人类精神领域一个不可或缺的组成部分，甚至在我们每个人的生命中，意志力都发挥着超乎寻常的重要作用。

有人认为，意志力是"一种有意识的心理机能，其作用尤其体现在经过深思熟虑的行动上"。但是意志力一定是"有意识"作用的结果吗？许多看似无意识的举动，可能正是一个人意志力的体现；而另外一些脱离人的意志力指引的行为却肯定是有意识的。人的一切有意识的行动都是经过考虑的，因为即便这一行动是在瞬间做出的，思考的因素仍然在其中发生着作用。所以说，意志力是自我引导的力量。

作为一种自我引导的精神力量，意志力是引导我们发挥自己最大的潜能、最终走向成功的伟大力量。如果你拥有强大的意志力，那么你全身的能量都可以在它的召唤下聚合起来，从而实现你的成功愿望。

意志力的自由和自由的条件

著名哲学家罗素曾说过，古往今来，对于成功秘诀的谈论实在是太多了。其实，成功并没有什么秘诀。成功的声音一直在芸芸众生的耳边萦绕，只是没有人理会她罢了。而她反复述说的就是一个词——意志力。任何一个人，只要听见了她的声音并且用心去体会，就会获得足够的能量去攀越生命的巅峰。这几年来，我一直在努力致力于一项事业了——试图在美国人的思想中植入这样一种观念：只要给予意志力以支配生命的自由，那么我们就会勇往直前。

然而，当我们赞叹意志的力量如此神奇的时候，这是不是说人可以想怎样就可以怎样，想干什么就可以干什么，想怎么干就可以怎么干？一句话，人的意志是否无所不能？在心理学上，这些问题的实质是：人的意志是不是自由的？人究竟有没有意志自由？

对此，哲学史上有过两种极端见解，相互争论了很久。

一种观点叫作"意志虚无论"。这种观点把意志视为对物质的一种机械的、消极的反映，它只承认必然性，并把这种必然性仅仅归结为机械必然性，完全否定人的意志的能动作用，认为人的行为完全是由外界刺激决定的，人的意志根本不起任何作用。

另一种观点叫"唯意志论"。唯意志论主张意志是世界的本原和人的真正本质，意志统辖理性，它由强调意志的非实体性、活动性而强调个人的能动性、创造性和不受任何约束的绝对的自由。"唯意志论"的代表人物是德国哲学家叔本华。

他认为，自在之物是现象（表象）的本质和内核，是可知的。不过，理性只能认识现象，主体只在通过直观才能领悟到自在之物。这个主体就是我的意志即自身直接存在的意志，它不是"我思"，而是"我要"，是一种神秘的欲求"活动"。我的身体就是我的意志的客体化或成为表象的意志，因此与我的意志所宣泄的各种主要欲望相契合，例如，我要吃，所以身体就有了牙齿、胃、食管等客体化形式。

前一种观点显然是错误的，我们可以列举几个实例揭示出其错误。比如周末晚上，我们既可以出门访友，去舞厅跳舞，也可以在家里看电视、听音乐。事实上，人的行动具有高度的自主性。在同样的情境下，人可以产生不同的行动动机，确立不同的目的，制订不同的行动计划。可见，人的行动不是机械地、被动地单纯由外部情境所决定，它必定受个人内部意志状态的调节，而这种调节证明了人具有某种程度的意志自由。

我们再来分析后一种观点。在叔本华的生活意志论领域内，意志具有"自在性""自主性""自由性""完整性"。在他看来，意志不是从属于理性的，它不是理性的一个环节。实际上，意志是自在之物，是一切客体和现象存在的根据。

与意志的自在性、盲目性一致的是意志的自由。叔本华强调，意志作为自在之物，不受根据律的约束，"服从根据律的只是意志的现象，而不是意志本身；在这种意义上说，意志就要算是无根据的了"。"意志本身根本就是自由的，完全是自决的；对于它是没有什么法度的"。人绝不能为意志立法。在叔本华看来，意志是完整的、不可分的，它作为世界的本质无处不在，现象各异的事物在本质上都是同一意志的显现，不能说各种人或物可以按层次高低有区别地分享意志。他强调，意志是人的真正存在，人的理性是完全服从意志的。他说："意志是第一性的，最原始的；认识只是后来附加的，是作为意志现象的工具而隶属于意志现象的。因此，每一个人都是由于他的意志而是他，而他的性格也是最原始的，因为欲求是他的本质的基地。"

唯意志论尽管包含不少合理因素，但它把意志的非理性特征绝对化，认为意志至上，意志高于并统辖理性，否定人们可以通过感觉经验和理性思维认识现实的世界，甚至认为人的这些以主客二分为特征的认识形式以及由这些认识形式构成的科学、概念、理论反而成为达到现实世界的障碍。在它看来，为了把握实在，必须借助于超出主客对立范围的本能、冲动、直觉，而感觉、概念等最多只能充当意志、本能、冲动的工具。

那么，辩证唯物主义又是怎样看待意志的自由问题的呢？

辩证唯物主义认为，意志自由与实践是辩证关联的。一方面，实践是意志自由的基础，意志自由只有通过具体的实践活动，不断地克服各种限制才能够历史地实现，它是个历史过程，有着具体的社会时空特征；另一方面，意志作为实践的一个要素对实践起着引导、规范作用，意志自由程度的提高会转而促进实践的发展。

人们在实现自己意志的过程中，如果不受任何因素的限制，那么，他或她就是绝对自由的，但这种状况在现实生活中不可能存在。人们在实现自己的意志的过程中，总是要受到这样或那样因素的制约，由此也决定了人们的意志不可能是绝对自由的。

一般地，一定历史时期的生产力发展水平，是影响人们实现其意志的最重要的因素。生产力发展水平代表着人们认识自然和改造自然的能力，而人们的生存意志和发展意志都是受自然界制约的。如果生产力发展水平低下，人们就会经常受到自然灾害等的威胁、伤害，人们就会生活于不自由的状态。生产力的发展，一方面增强了人们抵御自然灾害的能力，使人们免受或少受饥饿、自然灾害等的威胁和伤害；另一方面也是观念、精神方面的自由，更含有人通过合理的意志努力实现生存自由、实践自由之意；"我在自由地实现自由"更是强调人要通过自己的自主意志自觉自愿地实现自己的自由。因此，从实践意志论的角度看，就是强调要反思人的意志在自己生存中的地位和作用，强调要通过合理的意志努力确立适当的生存实践目标和实践方案，并进而适时、适度地调节实践过程，自觉、自愿、自主地实现自己的既定目的。

所谓意志自由，绝不是想怎么样就可以怎么样，想干什么就可以干什么，想怎么干就可以怎么干，而是在认识、掌握和运用客观规律的前提下，发挥主观能动性，不断地完善自我，不断地变革现实。如果一个人的言行违背了自然和社会发展的客观规律，就必然要碰壁，就不会有什么意志的自由。只有使自己的言行符合客观规律，才能有真正的意志自由。

最后我们还应认识到，人的意志自由既然是有条件的，是历史的产物，那么，随着人类历史的发展，随着社会和自然条件的日益改善，人的主观意志将获得越来越大的自由。正如恩格斯所说："最初的，从动物界分离出来的人，在一切本质方面是和动物本身一样不自由的；但是文化上的每一个进步，都是迈向自由的一步。"从开始懂得使用火和石头工具的那一天起，人类就向自由迈进了第一步。昨天的神话，今天已经变成现实；今天的幻想，有可能是明天的现实。对客观规律的认识越多，越能运用客观规律，人类的意志也就越自由。

意志力是人脑特有的

意志力是人脑的特有产物，只有人类才有意志力。正因为有了强大的意志力，才有了埃及宏伟的金字塔，才有了耶路撒冷巍峨的庙堂；正因为有了强大的意志力，人们才战胜了道路上的各种障碍，才开辟了肥沃的疆土。

意志是一种心理活动，它是人脑所独有的产物，是人的意识的能动作用的表现，是自觉地确定目的并根据目的来支配、调节自己的行动，克服各种困难，从而实现目的的心理活动。

人的行动主要是有意识、有目的的行动。在从事各种实践活动时，通常总是根据对客观规律的认识，先在头脑里确定行动的目的，然后根据目的选择方法，组织行动，施加影响于客观现实，最后达到目的。在这些行动过程中，人不仅意识到自己的需要和目的，还以此调节自己的行动以实现预定的目的。意志就是在这样的实际行动中表现出来的。

人在认识客观事物规律性的基础上，通过自己的行为改变客观世界来满足自己的要求，实现自己的意志。意志和认识过程、情感过程、行为过程有密切关系，认识过程是意志产生的前提，意志调节认识过程。情感可以成为意志的动力，意志对情感起控制作用。行动是意志的反映，意志则对行动起调节作用。

在这个世界上，只有人类具有意志。人不只是为了生存，更需生产、生活。人比动物高明之处在于：人类能认识自然的本质和规律性，能依据这种对自然的本质和规律性的认识，按照自己的目的去利用、支配和改造自然。动物虽然也作用于环境，有些高等动物甚至仿佛有某种带目的性的行为；但是从根本上说，动物的行为不能达到自觉意识的水平。尽管有些动物的动作可能十分精巧，但它们却不可能意识到自己行为的目的和后果，因此动物的行为是盲目的。

正如马克思所说的："蜜蜂建筑蜂房的本领使人间的许多建筑师感到惭愧。但是，最蹩脚的建筑师从一开始就比最灵巧的蜜蜂高明的地方，是他在用蜂蜡建筑蜂房以前，已经在自己的头脑中把它建成了。劳动过程结束时得到的结果，在这个过程开始时就已经在劳动者的表象中存在着，即已经观念地存在着。他不仅使自然物发生形式变化，同时他还在自然物中实现自己的目的，这个目的是他所知道的，是作为规律规定着他的活动的方式和方法的，他必须使他的意志服从这个目的。"

马克思认为，在生物的进化过程中，不同的生命体都形成了其特殊的需要和独特的"有选择的"反应能力；人的意志则是与人的需要相关的一种特殊的选择、调控能力。恩格斯指出："不言而喻，我们并不想否认，动物是有能力做出有计划的、经过事先考虑的行动的……在动物中，随着神经系统的发展，做出有意识有计划的行动的能力也相应地发展起来了，而在哺乳动物中则达到了相当高的阶段。"动物特别是高等动物的这种"有意识有计划的行动的能力"可以视为人的意志的潜在或"萌芽的形式"。人作为生命有机体的最高形式，其生存与发展也必须以基本需要得到满足为前提。与动物的本能需要相比较，人的需要本质上形成并发展于社会实践，它具有丰富性和超越性。马克思把人的需要称作"天然必然性"，或人的"内在的必然性"，他指出，具有众多需要的人，"同时就是需要有完整的人的生命表现的人，在这样的人身上，他自己的实现表现为内在的必然性、表现为需要"。人的需要通过社会关系表现而为利益，"人们奋斗所争取的一切，都同他们的利益有关"。与动物只能基于本能的需要、欲望而活动不同，正常的人的活动不仅有需要、愿望，而且具有"有目的的意志"。

作为有意志、有意识的社会存在物，人能够自觉地为自己的生命活动设定目的，并努力以观念方式和实践方式来掌握世界以实现自己的既定目的。正是通过这种对行动的支配或调节，自觉的目的才能得以实现。人有了意志，就能够积极地认识世界并改造外部世界，从而有可能成为现实的主人。

意志力对人类的行为具有导向作用

意志力可以让你成为你想成为的人物、得到你想得到的一切、实现你正为之努力的梦想，它就在你的体内，全靠你去运用。但第一要素是必须认识到你拥有这种力量。

医学博士威廉·汉纳·汤姆森在其所著的《大脑与性格》中说道："意志是人的最高领袖，意志是各种命令的发布者。当这些命令被完全执行时，意志的指导作用对世上每个人的价值将无法估量。一个人的精神如果总受意志控制，他将根据精神而不是条件反射来思考，从而使人的生活具有明确的目的性。如果一个人总是根据其人生目的而行事，丝毫没有创新，那又有谁敢去试探一下这种人的力量呢？

"总而言之，世人终会明白，我们不能因为一个人所拥有的肤浅想法而维护或责难于他。首先应有正确的意志力，一旦人的思维领会其意志，其行为就会随之步入正轨；如果意志有悖常理，即使通晓真理，对人也毫无益处。

"人之所以成为万物之灵，是因为人拥有特殊的责任感，而让人产生强烈责任感的正是其意志。有些人刚开始似乎优势明显，聪明过人，有机会受到教育，有很高的社会地位，但其中能走得很远、攀得很高的人为数不多。他们一个接一个地变得步履蹒跚，害怕被人超越。而那些最终超越他们的人刚开始并不被世人看好，很少有人想到他们能超越那些具有明显优势的人。因为他们看起来并不聪慧过人，综合素质也远远落后于那些人。意志的力量可以解释这一切。在人的生命过程中，再也没有什么比意志力具有更强大的精神力量了！"

在实践过程中，人固然要受到外部世界的制约，具有受动性；但是，人为了追求自己的对象，实现自己的目的，满足自己的愿望和需要，又总是力图从自身方面去支配和控制这些影响和刺激，并有一种能够实现这种支配和控制的信念、决心与信心。在这种情况下，就会促使主体产生一种意志努力和意志作用。人的意志作用于具体实践的各个环节，并最终通过实践结果得以外化、对象化。换言之，意志在实践中的作用是通过实践活动中目的、手段和结果的反馈调控过程而实现的。

首先，制订实践目的。马克思指出，生产实践活动是"以与一定的需求相应的方式占有自然物质的有目的的活动"，主体在制订指导自己实践活动的实践目的时，其所确立的目的必须反映符合于人们自己本性的需求，包含着人们在对自己有用的形式和规定上掌握客体的要求。在实践目的中，必须把这种需求作为人们自己内在的尺度观念运用到对象上去。实践目的的确立必须通过"意志努力"才能形成，而意志对于实践目的的确定主要起两方面的作用。一是意志调节主体以最高的效率捕捉新的信息。由于人脑所获初始信息往往是杂乱、无序的，为了全面地把握客体信息及主体自身需要，主体就需要通过意志来调节保持神经网络、脑皮层及主体的感受器官在追踪信息过程中的专一性和耐受性。二是意志直接控制着实践目的的确立活动的发动和停止，强化主体对实践目的的理解。

其次，确立实践方案。实践方案的确立，是主体在制订了自己的实践目的之后，为了确保这一目的顺利、高效、合理实现，对客观事物的各种矛盾、各个侧面继续进行认真的调查、分析和研究，并对各种可供选择的方案认真地权衡其利弊得失、反复思考之后才完成的。

意志调节使主体的生理系统给予制订实践方案的精神活动以充足的能量或动力保证。制订实践方案是一种创造性的、综合性的、具体的思维过程，要克服在此过程中的困难，并促使主体活动合乎主体目的，意志调节是必不可少的。

意志调节促使主体自觉克服内外干扰，有效地抑制反常情绪的发生和持续，为制订实践方案活动的持续进行创造一种平衡的心理条件和良好的精神状态。并且，促使主体把实践目的转化为坚定的信念，保证由实践目的的确立活动向实践方案的制订活动的过渡和转换，并激励主体努力追求更高层次的目的。

再次，调控实践过程。意志通过对人的多层次需要的自我意识，从中选择出当前最基本、最迫切的某种需要，由此引发确定必要的实践对象；进而意志又通过对主体能力的自我评价，从若干与主体当前需要相符合的客观事物中，选择出与主体能力相当或大致相当的实践对象。

在这个过程中，意志总是要受到人的各种需要、情感等内在因素，以及对象、环境等外在因素的影响。意志通过对主体内部精神世界的自我意识与自我评价，努力维护那些具有优良品质的情感等内在要素，并使之在强度上与主体当前实践活动所需要的唤醒水平相适应；另一方面，意志又压抑或排除那些干扰或妨碍当前实践活动的消极情感或外界的消极因素，以趋利避害、兴利除弊，保证、促进实践活动的持续、深入发展。

最后，检验实践结果。人们为了充分认识实践结果及其意义，并通过实践结果反思实践目的和过程，通过意志进行实践评价是非常必要的。

主体通过意志对实践的效果、效能、效率进行验证，一般就能获得对于实践目的、实践过程的再认识，并进而建立起完善的运行机制，而意志则是这种机制中不可或缺的中枢。主体依照一定的目的和方案进行现实的实践活动时，往往会遭遇一些"意外"的情况甚至困难、障碍，从而引发实践偏差或错误，造成实践过程失控或实践结果背离预期目的等现象。

在这种情况下，则要求主体排除众多不利影响和刺激的干扰；以高度的意志力，通过发动或抑制某些欲望、愿望、动机、兴趣、情感等使之为达到某一目的服务，支配自己的行动使之符合目的的要求。当遭遇困难时，主体毅然直面困难，勇往直前；当价值目标发生冲突时，为了更为重要的需要、利益或更为高尚的目的，主体自觉地控制自己相对次要的利益和需要，甚至做出一定的牺牲。意志渗透于主体的一切对象性活动之中，它以主体的客观需要为基础，以主体对客体与自身的价值关系的认识为条件，直接控制着主体活动的发动与停止，促使人自觉地发挥主观能动性，遵循客观规律去改造主客观的世界。

意志力决定人的差异

成功者与失败者之间，强者与弱者之间，最大的差异，往往并不是能力、素质、教育等方面的差异，而在于意志的差异。意志比较薄弱的人，不得不无奈地成为弱者、失败者，而那些意志坚强的人最终成为少数的成功者。

英国议员福韦尔·柏克斯顿说："随着年龄的增长，我越来越体会到，人与人之间、弱者与强者之间、大人物与小人物之间，最大的差异就在于意志的力量，即所向无敌的决心。一个目标一旦确立，那么，不在奋斗中死亡，就要在奋斗中成功。具备了这种品质，你就能做成在这个世界上可以做的任何事情。否则，不管你具有怎样的才华，不管你身处怎样的环境，不管你拥有怎样的机遇，你都不能使一个两脚动物成为一个真正的大写的人。"

杜邦公司创始人伊雷尔的哥哥维克多可以说是一表人才，他能说会道，仪表堂堂。他是一个社交明星，给每个人留下的第一印象都是完美的。但是熟悉他的人知道，他仅仅是个奢华浮躁的公子哥儿，而没有坚强的意志力。如果派他外出考察，他回来后拿不出多少有价值的商业情报，却能绘声绘色地描述旅途中的美味佳肴和美女。伊雷尔做火药买卖时，维克多在纽约给他做代理。然而，在花天酒地的生活中，维克多挥金如土，并最终导致了公司的破产。

伊雷尔则是截然相反的人。他身材不高，相貌平平，但在学习和工作中有股百折不挠的坚韧劲。小时候在法国，家境还很宽裕的时候，他受拉瓦锡的影响，对化学着了迷。那时候他父亲皮埃尔是路易十六王朝的商业总监，兼有贵族身份，谁也想不到这个家庭在未来的法国大革命中会险遭灭顶之灾。拉瓦锡和皮埃尔谈论化学知识的时候，小伊雷尔总是稳稳当当地坐在旁边，竖起耳朵听着，他对"肥料爆炸"的事尤其感兴趣。拉瓦锡喜欢这个安安静静的孩子，把他带到自己主管的皇家火药厂玩，教他配制当时世界上质量最好的火药。这为他将来重振家业奠定了基础。

若干年后，他们全家人逃脱法国大革命的血雨腥风，漂洋过海来到美国。他的父亲在新大陆上尝试过七种商业计划——倒卖土地、货运、走私黄金……全都失败了。在全家人垂头丧气的时候，年轻的伊雷尔苦苦思索着振兴家业的良策。他认识到，目前战火连绵，盗匪猖獗，从事商品流通有很大的风险，与其这样，倒不如创办自己的实业。但是有什么可以生产的呢？这个问题萦绕在他脑海里，就连游玩时他也在想。有一天，他与美国陆军上校路易斯·特萨德到郊外打猎，他的枪哑了三次，而上校的枪一扣扳机就响。上校说："你应该用英国的火药粉，美国的太差劲。"一句话使伊雷尔茅塞顿开。他想：在战乱期间，世界上最需要的不就是火药吗？在这方面，我是有优势的，向拉瓦锡学到的知识，会让我成为美国最好的火药商。后来，他就凭着百折不挠的毅力，克服了许多困难，把火药厂办了起来，办成了举世闻名的杜邦公司。

由此可见，天才、运气、机会、智慧和态度是成功的关键因素。除了机会和运气之外，上面这些因素在人生征程中的确重要。但是，仅具备一些或者所有这些因素，而没有坚强的意志，并不能保证成功。那些取得辉煌成就的人都有一个共同特征，即目标明确、不屈不挠、坚持到底、不达目的绝不罢休。

在人生的道路上，出发时装备精良的人不在少数，这些人有着过人的天资、有机会接受良好的教育、有社会地位——这一切本该使他们比别人有更好的机会。但是，这些人往往一个接一个地落在了后面，为那些智力、教育和地位远不如他们的人所超越了，而那些赶超他们的人在出发时往往从未想到自己能超过这些装备如此精良的人。那么，这是为什么呢？个人意志力的差异解释了这一切。没有强大的意志力，即使有着最优秀的智力、最高深的教育和最有利的机会，那又有什么用呢？

意志力的发展对于一个人的成功有举足轻重的作用。没人能够预测意志的力量到底有多大，和创造力一样，意志力根植于人类伟大的内在力量的源泉之中，这是人人都有的一种来源于自我的力量。想要在竞争激烈的环境中脱颖而出，就必须成为一个果敢而有坚定信念的人。

通过考察一个人的意志力，可以判断他是否拥有发展潜力，是否具备足够坚强的意志，能否坚韧地面对一切困难。而且，人们都会信任一个坚韧不拔、意志坚定的人。不管他做什么事情，还没有做到一半，人们就知道他一定会赢。因为每一个认识他的人都知道，他坚定的意志力决定他一定会善始善终。他是一个把前进路上的绊脚石作为自己上升阶梯的人；他是一个从不惧怕失败的人；他是一个从不惧怕批评的人；他是一个永远坚持目标，永不偏航，无论面对什么样的狂风暴雨都镇定自若的人。

无往不利的神奇意志力

在一般情况下，大多数人都不相信自己的意志力无往不利，只有当紧要关头，人们才最终知道人的意志有多么重要。对于知道如何运用意志力的人来说，没有什么是不可能的，只要他的意志力足够强健。

奥里森·马登说："一生的成败，全系于意志力的强弱。具有坚强意志力的人，遇到任何艰难障碍，都能克服困难，消除障碍，走向成功。但意志薄弱的人，一遇到挫折，便思求退缩，最终归于失败。实际生活中有许多青年，他们很希望上进，但是意志薄弱。没有坚强的决心，不抱着破釜沉舟的信念，一遇挫折，立即后退，所以终遭失败。"

人类的意志力具有某种神秘的力量。它本是为人所熟知的东西，我们每天都能感受到它的存在。我们每个人都或多或少要受自己意志力的影响。

一个人若能自觉修炼和提升自己的意志力，他将获得无比巨大的力量，这种力量不仅能够完全地控制一个人的精神世界，而且能够引导人的心智达到前所未有的高度——此时，一个人从未设想能拥有的智能、天赋或能力都变成了现实；所有那些人们长久以来都无法看见的东西其实就存在于人的自身，而这把能够开启人的洞察力和征服力的神奇钥匙就是意志力。

正如爱默生告诉我们的："只有当人和他的意志相互沟通，融为一体时，这个世界才有驱动力。"

赫伯特·斯宾塞在76岁的时候完成了他的巨著的第10卷，世界上很少有什么成就能超过这件耗尽一生的宏伟作品。斯宾塞在写作过程中经历了无数挫折，尤其是在健康状况很差的情况下，他仍然朝着既定的目标努力工作，直到成功。

卡莱尔写作《法国革命史》时的不幸遭遇，已经广为人知。他把手稿的第一卷借给了邻居，让他先睹为快。这位邻居看了以后随手一放，结果被女仆拿去引火用了。这是个很大的打击，但卡莱尔并未泄气，他又花费了几个月的心血，将这份已经被付之一炬的手稿重写了一遍。

博物学家奥杜邦带着他的枪支和笔记本，用了两年时间在美洲丛林里搜寻各种鸟类，画下它们的形状。这一切完成后，他把资料都封存在一个看来很安全的箱子里，就去度假了。度假结束，他回到家中后，打开箱子一看，发现里面居然成了鼠窝，他辛辛苦苦画的图画被破坏殆尽。这真是一个沉重的打击。然而奥杜邦二话不说，拿起枪支、笔记，第二次进了丛林，重新一张一张地画，甚至比第一次画得还好。

一切伟大作家之所以能够成名，都有赖于他们面对困难时的坚韧不拔。他们的作品并非借着天才的灵感一蹴而就，而是经过精心细致的雕琢，直到最后把一切不完美的痕迹都除掉，才能够表现得那么高贵典雅。

卢梭认为，自己那种流畅典雅的写作风格主要得益于不断地修改和润色。维吉尔的《埃涅伊特》用了十一年时间才完成。霍桑、爱默生这些大作家的笔记，确实可以让我们一窥伟大作品背后的艰苦劳动，他们准备一本书要用上几年心血，而我们不用一个小时就可以把它读完。孟德斯鸠写作《论法的精神》用了二十五年，而我们用六十分钟就可以把它读完。亚当·斯密写作《国富论》用了十年。古代雅典悲剧作家欧里庇德斯曾经受到对手的嘲笑，说他三天只能写出三行字，而那人却能写几百行。"你三天写的几百行是不会被人记住的，而我的三行却会永久流传。"欧里庇德斯回答道。

意大利诗人阿里奥斯托尝试了十六种不同的形式写作他的《暴风雨》，而写作《疯狂的奥兰多》用了他整整十年时间，尽管这本定价仅为十五便士的书只卖出了一百本。柏克的《与一位贵族的通信》算得上是文学史上最恢弘庄严的一部作品。在校样的时候，柏克做了十分认真细致的修改，以致最后稿样到了出版商手里时，已经面目全非了；印刷工人甚至拒绝校正，于是全部重新排版印刷。亚当·塔克为了写作他的那部名著《自然之光》，也用去了十八年时间。梭罗创作的新英格兰牧歌《康科德河和梅里马克河上的一星期》完全没有引起人的注意，虽然总共才印了一千册，最后却有七百册退还给了作者。梭罗在日记里写道："我的图书馆藏书一共有九百本，其中七百本是我自己写的。"虽然这样，他却依然笔耕不辍，锐气不减。

持之以恒的意志力是所有成就伟业者的共同个性特征。他们可能在其他方面有所欠缺，可能有许多缺点和古怪之处，但是对一个成功者来说，持之以恒的个性则是必备的。不管遇到多少反对，不管遭到多少挫折，成功者总会坚持下去。辛苦的工作不能使他作罢，阻碍不能使他气馁，劳动不能使他感到厌倦。

无论身边来去的是什么东西，他总是坚持不懈。这是他天性的一部分，就像他无法停止呼吸一样，他也永不会放弃。

金钱、职位和权势，都无法与卓越的精神力量和坚韧的品质相比较。不管你的工作是什么，都要以一种顽强的决心坚持下去。咬紧牙关，对自己说："我能行。"让"坚持目标、矢志不渝"成为你的座右铭。当你内心听到这句话时，就会像战马听到军号一样有效。

"坚持下去，直到结果的出现。"卡莱尔说，"在所有的战斗中，如果你坚持下去，每一个战士都能靠着他的坚持而获得成功。从总体上来说，坚持和力量完全是一回事。"

每一点进步都来之不易，任何伟大的成就都不会唾手可得。对于想成就一番事业的人来说，意志力是最好的助推器。谁能不停止一次又一次的尝试、打击和收获，谁就能一次又一次地靠向成功。

生命对于每个人来说，都是一个过程，一个开始到结束的过程。生命可以很坚强，也可以非常脆弱，这就决定于你的意志能力了。

按常理来说，人的生命力应该比其他动植物的生命要顽强得多。可是事实却不尽如此。生活中，我们经常可以听到某人为某种原因自杀，这时人的生命力是多么的脆弱呀！一个原本健康活泼、生龙活虎的生命，转眼就被轻易地结束了，这样的生命如此的不堪一击，你能说它是顽强的吗？

其实，这些人的生命之所以变得如此脆弱，关键在于他们失去了生的意志。生命力的顽强与否，完全取决于人的意志。一个人意志顽强了，生命力就会无比顽强，如张海迪、霍金等人，他们都是极其不幸的人，但他们却能笑对逆境，以顽强的意志力谱写生命的奇迹。

意志薄弱了，生命力就会脆弱得不堪一击。因此我们要培养顽强的意志。顽强的意志生于我们的内心，只要它足够强大，就能帮助我们战胜病魔，恢复生命，创造奇迹。人吃五谷杂粮，不可避免会生病，如果你得了病，不管是大病还是小病，只要你有战胜它的顽强的意志和信心，具有永不放弃的乐观精神，即使是绝症也可能会治好。这样的例子在生活中可谓数不胜数。相反，虽然你得的是小病，但你却不敢面对，又怕打针又怕吃药，那么病情只会越来越重；或者是自己总以为自己得了什么不治之症，吃不好睡不香，那么这个人肯定活不长。所以，顽强的意志能给你健康的体魄，使你的生命力更加顽强。

顽强的意志能使你战胜重重困难，走向成功，使你的生命价值无限放大。因为有顽强的意志，你在前进路上遇到困难和险阻时，就不会被它们吓倒，你就会以大无畏的精神，勇往直前，坚持到底，那么你也一定会取得成功。

1967 年夏天，美国跳水运动员乔妮·埃里克森在一次跳水事故中身负重伤。除了脖子没有受伤之外，她全身瘫痪。

乔妮哭了，她躺在病床上辗转反侧。她怎么也摆脱不了那场噩梦，为什么跳板会滑？为什么她会恰好在那时跳下？不论家里人和亲友们如何安慰她，她总认为命运对她实在不公。出院后，她叫家人把她推到跳水池旁。她注视着那蓝盈盈的水波，仰望那高高的跳台。她再也不能站立在那洁白的跳板上了，那蓝盈盈的水波再也不会溅起朵朵美丽的水花拥抱她了。她又掩面哭了起来。从此她被迫结束了自己的跳水生涯，离开了那条通向跳水冠军领奖台的路。

她曾经绝望过。但坚强的毅力和不服输的性格使她拒绝了死神的召唤，开始冷静思索人生的意义和生命的价值。

她借来许多介绍前人如何成才的书籍，一本一本认真地读了起来。她虽然双目健全，但读书也是很艰难的，只能用嘴衔根小竹片翻书，劳累、伤痛常常迫使她停下来。休息片刻后，她又坚持读下去。通过大量的阅读，她终于领悟到：我是残了，但许多人残了以后，却在另外一条道路上获得了成功，他们有的成了作家，有的创造了盲文，有的创作出美妙的音乐，我为什么不能？于是，她想到了自己中学时代曾喜欢画画。为什么不能在画画上有所成就呢？这位纤弱的姑娘变得坚强起来，变得自信起来了。她捡起了中学时代曾经用过的画笔，用嘴衔着，开始练习。

这是一个多么艰辛的过程啊。用嘴画画，她的家人连听也未曾听说过。

他们怕她因不成功而伤心，纷纷劝阻她："乔妮，别那么死心眼了，哪有用嘴画画的，我们会养活你的。"可是，他们的话反而激起了她学画的决心，"我怎么能让家人一辈子养活我呢？"她更加刻苦了，常常累得头晕目眩，汗水把双眼弄得火辣辣地痛，甚至有时委屈的泪水把画纸也淋湿了。为了积累素材，她还常常乘车外出，拜访艺术大师。

好些年过去了，她的辛勤劳动没有白费，她的一幅风景油画在一次画展上展出后得到了美术界的好评。

后来，乔妮又想到要学习写作。她的家人及朋友们又劝她了。"乔妮，你绘画已经很不错了，还学习写作学，那会更苦了你自己的。"乔妮是那么倔强、自信，她没有说话。她想起一家刊物曾向她约稿，要她谈谈自己学绘画的经过和感受，她用了很大力气，可稿子还是没有写成。这件事对她刺激太大了，她深感自己写作水平差，必须一步一步来。这是一条满是荆棘的路，可是她仿佛看到艺术的桂冠在前面熠熠闪光，等待她去摘取。

是的，这是一个很美的梦，乔妮要圆这个梦。又经过许多艰辛的岁月，这个美丽的梦终于成了现实。1976 年，她的自传《乔妮》出版了，轰动了文坛，她收到了数以万计的热情洋溢的信。两年又过去了，她的《再前进一步》一书又问世了，该书以作者的亲身经历告诉残疾人，应该怎样战胜病痛，立志成才。后来，这本书被搬上了银幕，影片的主角就是由她自己扮演的，她成了青年们的偶像，成了千千万万个青年自强不息、奋进不止的榜样。

一个人只有具有顽强的意志，他的生命才会充满活力，他的人生才会精彩纷呈，他的价值才会得到充分的体现，他的生活才会变得更加有意义。

强者总是选择用坚强的意志力去直面困难，并最终战胜困难。其实，人的意志力有着极大的力量，它能克服一切困难，不论所经历的时间有多长，付出的代价有多大，无坚不摧的意志力终能帮助人获得成功。正如马克思所说："生活就像海洋，只有意志坚强的人，才能到达彼岸。"

一个能掌控自己意志力的人，是具有推动社会的伟大力量的人。这种巨大的力量可以帮助他实现他的期待，达到他的目标，实现他人生的价值。拿破仑曾说："我成功，是因为我志在成功。"如果一个人的意志力坚硬得跟钻石一样，并以这种意志力引导自己朝着目标前进，那他所面对的一切困难都会迎刃而解。

第二章　意志力的几种特性

意志力的三重身份

对于任何一个健康的人来说，他的意志力都充当着三种重要的身份：身体的主人；心智功能的统帅；个人道德的导师。意志力总是借助于各种欲望或理念管理着我们的身躯，它可以驱使一个人的身体克服重重困难，去成就许多难以想象的事业。

意志力是身体的主人

意志能支配人行动。有坚强的意志的人，他一定能在社会上找到其重要的地位，为他人所敬仰。他的言语行动都表现出他是一个有主见、有作为、有生命目标的人。他朝着目标前进，犹如箭头射向靶心。拥有这样坚强的意志、一切的阻碍都将不存在。

卡耐基小时候是一个自卑、忧郁的少年，他苍白瘦弱，笨嘴拙腮，他身上的破夹克、还有两只出奇大的耳朵、小时因意外失去的食指，常常成为同学们嘲笑他的理由。

一次，卡耐基再也无法忍受同学们的嘲笑了，他哭着跑回家里："妈妈，我不想上学了，他们都嘲笑我，嘲笑我的衣服、我的耳朵、我的手指……"

母亲静静地看了他几分钟，缓缓说道："你为什么不想办法在其他方面超过他们，让他们因佩服而尊敬你呢？"

母亲的话启发了卡耐基，他不再自怨自艾，而是开始在学校寻找机会出人头地。他发现：学校的演讲比赛非常吸引人，胜利者的名字不但广为人知，而且还往往被视为学校的英雄人物，这是一个超越别人的最好的机会。确定目标之后，卡耐基开始不懈地努力。卡耐基从小木讷口拙，为了能够流利地朗读，他常常在口中含上两块小的鹅卵石，然后高声朗读演讲稿，读了几遍后，才将鹅卵石取出来，之后再诵读，发现舌头轻松多了。

一次把石头取出来的时候，他发现石头上有红色的血迹，舌头也有点辣痛，原来，石头把舌头磨破了，然而他依然持之以恒地练习。

半年后，满怀信心的卡耐基参加了演讲比赛，却以失败而告终。以后，他又陆续参加了十二次演讲比赛，仍是屡战屡败。最后一次比赛失败后，卡耐基觉得自己所有的美好梦想都破灭了，他开始怀疑自己，心情压抑，意志消沉。那段时间，他常常在河畔徘徊，想一死了之，但他的强大的意志力使他很快又振作精神，开始重新面对生活。

河水没有夺走他的生命，河畔却成了他的演讲训练场。他经常在河畔一边踱步，一边背诵演讲词，并不时地做一些手势和面部表情训练。卡耐基为再次迎接挑战做着准备。

功夫不负有心人。1906 年，他获得勒伯第青年演说家奖。从此，在演讲的舞台上，卡耐基一路攀升，成了世界演讲大师。

作为身体的主人，意志力对于躯体的支配作用常常可以从对身体的控制行为中发挥出来。比如，歌手对自己的气息能够控制自如，是他训练有素的表现；钢琴师娴熟的指法，其实也是坚持不懈练习的结果；技艺精湛的骑士能在各种条件险恶的情境下很好地控制自己的肢体，是因为他的大脑已经能对各种境况做出快速的、恰当的反应；雄辩的演说家能让自己的感受迅速通过肢体语言表达出来，也是同样的道理。

在所有的这些例子中，都是意志力在发挥着作用，是指向某一特定目标的意志力，将具体的行动与意愿协调了起来，从而最终实现了这一目标。事实上，无论是哪一项技能，无论它有多么复杂，其中每一个具体的动作都离不开意志力的参与。它们都需要意志力来做出合乎要求的解释和指导。

此外，意志力对身体的支配还可以创造奇迹。意志力可以让全身心投入的人忘记肚子对饥饿的抗议，甚至可以隔绝外界的声响；意志力可以让饱受折磨的人克制住疼痛的呻吟；意志力可以让身患绝症的人强忍住泪水。在某些非常特殊的情况下，人的一些非常明显的倾向也可以被改变，甚至变得完全不同，这同样是来自意志力的巨大作用。

意志力是思想的指导者

　　人的思想的形成不是一蹴而就的，意志力对人的思想具有指导作用。人的注意力集中与否和记忆力好坏也对意志力有很大的关系。

　　在集中注意力时，思想就会将它的能量集中在一个物体或者一组物体上。比如把两本书放在眼前，我们可以大致领略两本书的文字，但当我们集中注意力，用心去感受其中一本书的内容时，那么，我们真的就只会关注那本书，而另外一本书由于意志力的作用而被完全忽略了。这个例子还可以很好地说明意志力可以引起人的抽象思维。人的思维在某种单一的行为中所显示出来的专注程度和力度，往往体现了意志力持久作用的结果。从这一点来说，意志力的强弱就体现在"集中注意力"的强弱上，或者说意志力的强弱表现在思考过程中，表现在人的自我控制能力的大小上。

　　古今中外，很多杰出的人物都具有这种强大的意志力，以至于他们在专注于自己的思想时，能够对周围的一切置若罔闻。

　　一天中午，贝多芬走进一家餐馆吃饭。当时餐馆里生意兴隆，侍者们忙得不可开交。一位侍者把贝多芬引领到座位后，就忙着去招呼其他客人了。于是贝多芬正好利用等待的空隙继续思考还没有完成的乐曲。

　　时间一分一秒地过去，贝多芬用手指轻轻地敲弹着餐桌的边沿，回想着几天来一直在构思的那首曲子。渐渐地，餐馆里的嘈杂声被贝多芬心中流淌的音乐所取代。他沉浸在自己的思绪里，仿佛又置身于家中的那架钢琴前，黑白琴键在他眼前闪烁着迷人的光芒。他舒缓地抬起手腕，弹下去……优美的音乐马上流淌开来，贝多芬感受着乐曲中一切微小的细节，有哪一处需要修改，他就马上拿起笔，在乐谱上标注……很快，几天来一直进展得不是很顺利的乐曲，竟然完美地呈现出来了！

　　"太好了！"贝多芬兴奋地欢呼起来。这时，他才发现自己竟然还坐在餐馆里，手下弹奏着的不是钢琴，而是铺着雪白桌布的餐桌。餐馆里的人都被他突然的大喊吓了一跳，人们诧异地看着他，以为他精神不正常。

　　侍者也立刻注意到了这位被冷落很久的客人，他以为贝多芬要大发雷霆，赶紧一边大声道歉，一边抓起菜单走过来："对不起，对不起，先生，我这就为您……"

　　"没关系，一共多少钱？请您快点给我结账！"贝多芬打断侍者的话，说道。他迫不及待地要赶回家去把刚刚构思好的乐曲记录下来。

　　"啊？"侍者大吃一惊，说，"可是，先生，您还没有吃呢！"

"哦？真的吗？我怎么觉得饱了呢？"贝多芬笑着说，"看来，音乐还能解除我的饥饿呢！"

像许多废寝忘食投身于事业的科学家、艺术家一样，贝多芬几乎把全部身心都投入他所热爱的音乐事业中，所以才写出了震撼人心的《命运交响曲》《悲怆奏鸣曲》等一系列世界音乐史上的经典之作。这也向世人有力地证明了一点：只有排除干扰，将精力完全专注在一件事情上，才会产生伟大的思想结晶。

注意力高度集中时，智力和体力活动都极度紧张，无关的运动都停止了，人身的各个部分都处于静止状态，甚至有时抬起的手都忘了放下，呼吸变得轻微缓慢，吸气短促而呼气延长，常常还发生呼吸暂时停止的现象（即屏息），心脏跳动加速，牙关紧咬等。一般说来，注意力高度集中只能是短时间的。此时所识记的东西，往往能记很长的时间，甚至一辈子不忘。

在"记忆"的过程中，意志力常常会用其能量给人的精神"充电"。但一些事实也会由于兴趣本身的巨大影响，而铭刻在人的大脑中。正如人们所认为的那样，在受教育的过程中，大脑格外需要意志力的激励。小和尚念经般的反复诵读功课是不会有很好的效果的。注意力集中的思维和兴趣的有益影响都必须积极地参与到记忆过程中去，这样能保证工作和学习的高效率。

生活中，也许有的人天生就拥有良好的记忆能力，然而真正持久、清晰的记忆力却必须依赖于意志力的驱动和坚持不懈的努力；需要人有意识地、自觉地训练大脑，保持记忆的连续性和准确性。

记忆的最初是利用形象记住事物，记忆力与想象力紧密相连。就是说，在头脑中好像有个电影银幕，当看到文字或听到话语的时候，要立刻在这个银幕上描绘出形象来。只要经常练习，养成这种习惯，那么看到或听到的事物的形象，就能在很短的时间里映现在头脑中，因而就容易留下记忆。

当脑海中浮现形象的时候，最关键的一点，就是尽可能把它们换成具体的物品。例如，从香烟这个词想象出自己常吸的某品牌香烟的形象；要是领带，就想象出一条有着时兴花样的领带的形象；如果是围巾，就想象出你所喜爱的经常围着的围巾的形象。

记忆往往总是与想象紧密联系在一起的。若大脑对于过去只是一片空白，则无法拼凑出想象的图像。想象有着一系列奇妙的特性，如强制性、目的性和控制力。

我们头脑中有时冒出的各种念头尽管新颖得令人叫绝，但是或多或少有些模糊和令人迷惑。然而，这种脑海中的丰富联想必须要靠意志力的积极作用，必须进行不懈的磨炼才能够培养起来。

　　持续的思考和不懈的实践，会使得一个人在脑海里对事物的看法、对事物联系的观察、对各种事物的关系，形成更为生动可信的印象。如果一个人无法在这些方面做得很出色，通常是由于意志力不坚定，没有引导好自己的思想能力，使其对事物的分析达到具体入微的境地。在强有力的意志的驱使下，人能想起一大堆的事实、各种各样的事物及其相应的规律、一大群的人、一个地区的概貌，甚至能够想起曾经有过的快乐幻想，以及很多很多对现实生活和理想世界的观念与设想。

　　自古至今，每个人的想象力都是非常丰富的。

　　文学的发展离不开作家的想象。可以说，没有想象就没有艺术，没有文学。艺术的生命根源于艺术家的想象力。想象是人类精神财富的一部分，整个人类的文明进程都离不开想象。想象能"十分强烈地促进人类发展的伟大天赋"。不仅在艺术领域，其他的社会科学领域诸如哲学、宗教领域，都需要想象。就是在自然科学领域里，想象也同样是科学家进行科学研究所必需的一种素质。正是由于人类具有奇特的想象力，才有今天的绚烂多彩的文明社会。

　　由此可见，意志力统率着人的心智，指导着人的思想，人在意志力的推动下创造着辉煌的文明。当意志力衰败之时，人将变得萎靡不振，他的生活也将毫无生气；当意志力无比强大的时候，人能不断取得胜利。

意志力是原则的领路人

　　完善的意志力是个人道德的导师。罗曼·罗兰说："没有伟大的品格，就没有伟大的人，甚至也没有伟大的艺术家，伟大的行动者。"品格是导引一个人行动的航标，拥有良好的品质，我们才不至于在人性的丛林中迷失方向。对此，邓肯说："有德行的人之所以有德行，只不过受到的诱惑不足而已；这不是因为他们生活单调刻板，而是因为他们专心致志奔向一个目标而无暇旁顾。"的确如此，每个人都需要构筑一个清晰道德价值观体系。它将使你战胜可能经历的道德失落，并消除摇摆不定的沮丧心情。能把你支离破碎的生活连成一体，是走向未来的指路明灯。

　　道德的本质是什么？人类对此进行了种种探讨，如柏拉图的"善的理念"，康德的"善的意志"之说，都记载着先人对道德本质探索的痕迹。我国宋代的儒学者也曾企图用一个代表封建伦常的"理"去直接解释道德现象的内在本质，认为人的心中只要有了"理"，其行为就一定是符合当时的道德秩序的。按照马克思和恩格斯的论述，道德是一种以正确理解的利益为道德基础的社会行为公约，它强调个人利益服从全人类利益，它以精神观念的形式存在于人们的思想活动中。这就是说，道德的前提是对整体幸福、对社会利益的追求，而不是对个人利益的追求。它强调个人对社会利益的服从和自我牺牲。因此，道德是人类理性意识的一种升华。

道德认识，就是对一定社会的道德行为准则及其执行意义的认识。道德认识过程是一个复杂的长期过程，它包括对道德概念、原则的理解，信念或观念的形成与巩固，以及运用这些观念去进行道德判断、分析情境、评定是非善恶等。道德认识的结果，应导致道德观念的确定。

一个人对道德观念和方法有了一个综合的了解，但这并不说明他是一个有道德的人。怎么会出现这种情况呢？这就像人们具有系统的批判思考能力，然而在实际生活中却不运用它们一样，因此，人们能掌握道德理论，却不一定能在生活之中具体地运用它。为了在生活中，使你自己达到更高的道德境界，你需要用意志力约束自己的行为，努力过一种有道德的生活。

本杰明·富兰克林小时候很喜欢钓鱼。他把大部分闲暇时间都花在了那个磨坊附近的池塘旁边。

一天，大家都站在泥塘里，本杰明对伙伴们说："站在这里太难受了。"

"就是嘛！"别的男孩子也说，"如果能换个地方多好啊！"

在泥塘附近的干地上，有许多用来建造新房地基的大石块。本杰明爬到石堆高处。"喂！"他说，"我有一个办法。站在那烂泥塘里太难受了，泥浆都快淹没到我的膝盖了，你们也差不多。我建议大家来建一个小小的码头。看到这些石块没有？它们都是工人们用来建房子的。我们把这些石块搬到水边，建一个码头。大家说怎样？我们要不要这样做？"

"要！要！"大家齐声大喊，"就这样定了吧！"

于是，他们像蚂蚁那样两三个人一起搬一块石头。最后，他们终于把所有的石块都搬来了，建成了一个小小的码头。

第二天，当工人们来做工时，惊奇地发现所有的石块都不翼而飞了。工头仔细地看了看地面，发现了许多小脚印，有的是光着脚的，有的是穿着鞋的，沿着这些脚印，他们很快就找到了失踪的石块。

"嘿，我明白是怎么回事了。"工头说，"那些小坏蛋，他们偷石头来建了一个小码头。"

他们立即跑到地方法官那儿去报告。法官下令把那些偷石头的家伙带进来。

幸好，失物的主人比工头仁慈一点，他是一位绅士，他本人十分尊重本杰明的父亲。而且孩子们在这整个事件中体现出来的气魄也让他觉得非常有趣。因此，他轻易地放了他们。

但是，这些孩子们却要受到来自他们父母的教训和惩罚。在那个悲伤的夜晚，许多荆条都被打断了。至于本杰明，他更害怕父亲的训斥，而不是鞭打。事实上，他父亲的确是愤怒了。"本杰明，过来!"他父亲用他那一贯低沉严厉的声音命令道。本杰明走到父亲的面前。"本杰明，"父亲问，"你为什么要去动别人的东西?"

"唉，爸爸!"本杰明抬起了先前低垂的头，正视着父亲的眼睛，"要是我仅仅是为了自己，我绝不会那么做。但是，我们建码头是为了大家都方便。如果把那些石头用来建房子，只有房子的主人才能使用，而建成码头却能为许多人服务。"

"孩子，"父亲严肃地说，"你的做法对公众造成的损害比对石头主人的伤害更大。我的确相信，人类的所有苦难，无论是个人的还是公众的，都来源于人们忽视了一个真理，那就是罪恶只能产生罪恶。正当的目的只能通过正当的手段去达到。"

富兰克林一生都无法忘记他和父亲的那次谈话。在他以后的人生道路上，他始终实践着父亲教给他的道理。实际上，他后来成了美国有史以来最杰出的政治家和外交官之一。

应该说，富兰克林是幸运的，他平凡的父亲告诉了他一个不平凡的道理：一个人只有真正为公众的利益担当起自己应有的使命时，他才能不断激励自己的意志，勇往直前，他的所作所为才会变得伟大而值得称颂。

苏格拉底在其思考中提出了观点"美德是对它自己的奖赏"。他认为行恶"将危害和腐蚀我们自己，正义的行动将使我们得到升华，非正义的行动将把我们摧毁"。作为一个自由的人，你通过你的意志和你进行的选择，创造着你自己，就像雕塑家通过无数次的雕刻而塑造形象一样。如果你把自己创造成了一个有道德的人，那么，也就意味着你把自己创造成了一个有德行和有价值的人，具有鲜明的是非感和正确选择的能力。但是，如果你不选择把你自己创造成一个有道德的人，那么，你逐渐就会变得腐化和堕落。你失去了你的道德情感，成为道德上的无知者和盲人，你将会从内心开始腐败，逐渐被精神的疾病所蹂躏和摧残。

的确如此，完善的意志力是个人道德的导师。没有强大的意志力，就不能够塑造出高尚的品格；但若没有高层次的道德情操上的要求，则不可能培养出完善的意志力。意志力的最高境界就是一种合乎高尚道德要求而又强大的意志力。

意志力的三原色

意志力不仅能激活人类大脑休眠着的潜力，还能将所有保存着的气力、精力集中到完成的任务上。并且它能以一种强大的力量感染它周围的人，迫使他们对它关注，承认它的存在。在人与人的竞争中，有着最坚强意志的人将获得胜利。

目的明确

人的意志活动的目的必须明确。所谓明确的目的，就是能清晰地意识到主体行动的过程及其结果。明确的目的性是人类行为不同于动物行为的一项最本质的特征。马克思说，人类为了"在自然物中实现自己的目的"，除了从事劳动的那些器官紧张之外，还需要有心理上的紧张，即"还需要有作为注意力表现出来的意志"。这说明，只有人类有目的地活动，才能在自然界打上自己意志的印记，而动物则不能做到这一点。

人由于具有目的性，意志既可以推动人去从事达到目的所必需的行动，也可以制止与目的相矛盾的愿望和行动。比如，一个人已经确定利用业余时间复习功课的目的，这就使他在这一段时间内专心致志地学习，同时又要克制自己不受无关的诱惑的干扰，不去从事无关的活动。

目的性是意志的鲜明特征。在实际生活中，人的意志在实践的基础上把需要、愿望、梦想、动机、兴趣、情感等的内容综合为"目的"。目的总是指向一定客体，并以一定的客观现实为依据。但直接的客观现实无法满足主体的需要，主体所提出的目的不论是何种性质、何种类型，都表现为要建立一种或实现一种客观世界中当下还没有的东西。目的表明人对客观世界的不满足，在它当中鲜明地体现着主观与客观、理想与现实的矛盾。目的是人的意识对客体的超前改造，是主体把自己的内在尺度运用于客体，对客体自在形式的一种批判性、否定性反映。人的意志不仅确定活动的目的，而且使之向一定持续性的行动转化。意志还能通过调节内在精神活动，使之为达到既定目的服务，支配行动以使之符合目的的要求。

马克思指出，"专属于人的劳动"一个重要特征就是具有"有目的的意志"。在人们的活动中，目的的提出，首先意味着人们对自身需要有了明确的意识，同时意味着人们对客观事物及其规律有了一定的认识。目的具有一定的主

观性，但这并不意味着人在实践之前就不能提出相对合理的实践目的。这是因为，人的任何一次具体实践都以过去实践的经验为前提，人的需要是在过去改造世界的基础上形成的，同时，在这一过程中，人们也积累了关于某类客观对象的本质和规律的知识。

迈克尔·戴尔是美国第四大个人电脑生产商。他29岁便成为富豪，这既不是靠继承遗产，也不是靠中彩，而是目标明确，坚持梦想的结果。

迈克尔是在得克萨斯州的休斯敦市长大的，有一兄一弟，父亲亚历山大是一位畸齿矫正医生，母亲罗兰是证券经纪人。迈克尔在少年时期就勤奋好学。十来岁就开始了赚钱生涯——在集邮杂志上刊登广告，出售邮票。后来，他用赚来的2 000美元买了一台个人电脑。然后，把电脑拆开，仔细研究它的构造及运作并多次安装成功。

迈克尔读高中时，找到了一份为报商征集新订户的工作。他推想新婚的人最有可能成为订户，于是雇朋友为他抄录新近结婚夫妇的姓名和地址。他将这些资料输入电脑，然后向每一对新婚夫妻发出一封有私人签名的信，允诺赠阅报纸两星期。这次他赚了1.8万美元，买了一辆德国宝马牌汽车。汽车推销员看到这个17岁的年轻人竟然用现金付账，惊愕得瞠目结舌。

大学期间，迈克尔·戴尔经常听到同学们谈论想买电脑，但由于售价太高，许多人买不起。戴尔心想："经销商的经营成本并不高，为什么要让他们赚那么厚的利润？为什么不由制造商直接卖给用户呢？"戴尔知道，万国商用机器公司规定，经销商每月必须提取一定数额的个人电脑，而多数经销商都无法把货全部卖掉。他也知道，如果存货积压太多，经销商的损失将很大。于是，他按成本价购得经销商的存货，然后在宿舍里加装配件，改进性能。这些经过改良的电脑十分受欢迎。戴尔见到市场的需求巨大，于是在当地刊登广告，以零售价的八五折推出他那些改装过的电脑。不久，许多商业机构、医生诊所和律师事务所都成了他的顾客。

由于戴尔一边上学一边创业，父母一直担心他的学习成绩会受到影响。父亲劝他说："如果你想创业，等你获得学位之后再说吧。"戴尔当时答应了，可是一回到奥斯汀，他就觉得如果听父亲的话，就是在放弃一个一生难遇的机会。"我认为我绝不能错过这个机会。"于是他又开始销售电脑，每月赚5万多美元。戴尔坦白地告诉父母："我决定退学，自己开公司。""你的梦想到底是什么？"父亲问道。"和万国商用机器公司竞争。"戴尔说。和万国商用机器公司竞争？他父母大吃一惊，觉得他太自不量力了。但无论他们怎样劝说，戴尔始终不放弃自己的梦想。终于，他们达成了协议：他可以在暑假试办一家电脑公司，如

果办得不成功，到 9 月就要回学校去读书。

得到父母的允许后，戴尔拿出全部积蓄创办戴尔电脑公司，当时他 19 岁。他以每月续约一次的方式租了一个只有一间房的办事处，雇用了一名 28 岁的经理，负责处理财务和行政工作。在广告方面，他在一只空盒子底上画了戴尔电脑公司第一张广告的草图。朋友按草图重绘后拿到报馆去刊登。戴尔仍然专门直销经他改装的万国商用机器公司的个人电脑。第一个月营业额便达到 18 万美元，第二个月 26.5 万美元，仅仅一年，便每月售出个人电脑 1 000 台。积极推行直销、按客户要求装配电脑、提供退货还钱以及对失灵电脑"保证翌日登门修理"的服务举措，为戴尔公司赢得了广阔的市场。大学毕业的时候，迈克尔·戴尔的公司每年营业额已达 7 000 万美元。以后，戴尔停止出售改装电脑，转为自行设计、生产和销售自己的电脑。

如今，戴尔电脑公司在全球 16 个国家设有附属公司，每年收入超过 20 亿美元，有雇员约 5 500 名。戴尔个人的财产，估计在 2.5 亿美元到 3 亿美元之间。

假如戴尔不是从一开始对自己的行为有明确的目的性，并坚持不懈地付出努力，显然他是不可能成为富豪的。

意志与知识、思想联系密切，并总是受它们的影响。而无论是知识、思想，还是意志，其产生的社会基础都是社会实践。作为人的价值关系和需要的现实形式，意志并非一种主观随意的东西。特别是，目的本身是否具有现实性、可实现性，意志是否真正把握了目的并能保证其实现，目的和意志本身都无法做出解答，这必须依赖社会实践。

在实践过程中，任何"有目的的意志"都必然受到来自客观世界和主体需要等多方面的检验、调节和制约，它们不可能是绝对自由、毫无约束的。人的意志自由的限度最终是由人类实践的内在矛盾和发展水平决定的。

行动自觉

意志活动必须是有目的的活动，然而有目的的行动又并非都是意志行动，意志行动还必须是自觉的行为。所谓自觉，就是指人在活动前，就能对活动的个体意义和社会意义有清晰、明确的目的。

下面就让我们从"清华神厨"张立勇的故事中来共同体会一下意志的自觉性。被媒体誉为"清华神厨"的张立勇因贫困而高中辍学，开始了漫漫打工路。他先到广州打工，数年后，到清华大学第十五食堂做厨师。为了学习英语，他给自己制订了一张近乎"残酷"的时间表，他的生活就以这张表为准则，一切都服从于它。

他的时间表是这样的：6 点必须起床，6 点 15 分到 6 点 30 分出去跑步，6 点 30 分到 7 点背英语，7 点到 7 点 10 分或者 7 点 15 分刷牙、洗脸，然后出发到食堂，7 点 30 分上班；午饭时间控制在 7 分钟之内，剩下的 8 分钟背英语；中午 1 点钟听英语广播；晚上 8 点下班，学习英语到 12 点，深夜 12 点 45 分到 1 点 15 分收听英语广播。他称这个时间表是"永不动摇的时间表"。

为了强化学习，他往往夜里两三点钟休息，累的时候，定好的闹铃声听不到，上班就会迟到并挨领导的批评。为了能早起床，他就多买了一个闹钟，再加上朋友送的一个，早上闹钟一个接着一个地响个不停，上班就不会迟到了。闹钟保证了他的时间表不发生变化，保证了他的学习计划。

就是这张"永不动摇的时间表"，让惰性没有了可乘之机。

张立勇白天上班的时候很辛苦，几乎没有自由时间。但他认为时间就像是海绵，一挤就有了，日积月累便会积攒很多时间。食堂的工作很紧张，中间休息的时间很短，按规定，在给学生卖饭之前，内部有 15 分钟时间先吃饭。然而，张立勇却只用 7 分钟吃饭，在节约下来的 8 分钟里，就躲在食堂碗柜后面背英语。常常是同事在碗柜这一边吃饭，他在另一边背英语。

为了学习，张立勇饱受着很大的精神压力，有时候是他的父母生病了，有时候是遭到同事笑话。每个人都有惰性，太累的时候，他也想着偷懒，但是凭借意志力打压下了这种惰性。他在床头写上"克己""行胜于言""挑战自我"等警句，时时提醒自己："你不能偷懒，至少你目前不能偷懒，你不能喝酒，你不能谈女朋友，你没有时间打牌，你还没有资格享受。"他以各种方式时刻提醒自己。张立勇每天的学习任务都很明确，如果稍微松懈一下，就会浪费很多时间，学习的连贯性和学习计划就会遭到破坏。他告诫自己，越是在困难的时候越要想办法坚持下来。否则，所有的努力都会化成泡影。

这张"永不动摇的时间表"更是对一个人毅力和耐心的考验。张立勇一边工作一边学习，休息时间很少，经常犯困，晚上 8 点下班后赶到教室，坐下来就想睡觉。但是，无论身体和精神有多累，他要求自己必须实现自己制订的学习目标。假定一天该看完 10 页，结果难以控制，趴在桌上睡着了，1 页也没看完。面对这种状况，他就打满一杯热气腾腾的开水。别人的水一般是凉了再喝，而他是趁热喝，开水烫得全身打个激灵，舌头痛得不行，然而睡意却马上就消失了。这种执行方式接近于"残酷"，却是超强毅力的体现。

张立勇就是这样"永不动摇"地学习，十年磨炼，终于学有所成。这张"永不动摇的时间表"改变了他的命运。张立勇在清华大学食堂工作了 8 年，坚持自学英语，通过了国家英语四、六级考试，托福考了 630 分，被清华大学学生尊称为"馒头神",被媒体誉为"清华神厨"。

综观古今,因为惰性而与成功失之交臂的例子不胜枚举。惰性,使人的才华被埋没,使人的潜能被扼杀,使人的希望变得虚无缥缈。如果一个人一生为惰性所控制,那他很难有大的作为。只有克服惰性,才能取得更大的成功。

张立勇意识到用知识改变命运的重要性,并以"永不动摇的时间表"督促自己,战胜惰性,并最终成就了自己的梦想,他用意志自觉地行动,向着自己的理想一步步进发。

古今中外,凡是在事业上有所成就、有所建树的人,都莫不具有坚强的意志力。一个具有自觉性的人,他就能根据对客观事物发展规律的认识,自觉地确定行动的目的,有步骤地采取有效的行动方法,从而加强自己的主观能动性,减少盲目的行动,最后走向成功。

克服困难

在行动中遇到的困难多种多样,归结起来不外乎两大类:一类是内部困难。内部困难是指主体的心理和生理方面的障碍,包括对所做决定的正确性产生怀疑,相反的要求和愿望的干扰,消极情绪,信心不足,犹豫不决的态度,缺乏知识经验,能力有限,身体健康状况不好等。另一类是外部困难。外部困难主要指外界条件的障碍,包括来自家庭、社会和他人的阻挠,缺乏必要的工作条件和工具,自然环境的不利,社会环境的局限等。意志力只有在困难的克服之中才能得到体现,不与克服困难相联系的行动,不是意志活动。

意志的强度与克服困难的大小、多少成正比例关系。在一定的条件下,意志越坚强,就越能克服更多更大的困难;反之,意志越软弱,就只能克服较少较小的困难,甚至于不能克服困难。同样,克服的困难越多越大,则意志越会锻炼得更坚强;反之,克服的困难越少越小,则意志越会变得更软弱。这就好比攀登高峰,在攀登险峰的过程,每跨越一个困难,我们的意志就得到一次磨炼。

在实际活动中,内部困难与外部困难是彼此影响、相互联系的。首先,内部困难往往是由外部困难引起的,内部困难一经产生,反过来又使得外部困难更加难以克服。比如,在执行决定时由于预先没有估计到的突发事件引起了新的困难,于是内心中就可能产生对执行决定不利的想法,从而不积极想办法去克服困难,外部困难也就越发显得困难了。其次,外部困难总是通过它引发的内部困难而起作用。就是说,同一种客观条件下的同一情况的出现,对甲可能构成困难,对乙可能根本说不上困难。

我们平时所说的克服困难，往往偏重指外部困难，而忽略内部困难。其实在内外困难中内部困难是个关键因素，内部困难的克服对完成意志行动更为重要。因而所谓克服困难，首要克服恐惧、胆怯、犹豫、退缩等内部困难。

另外，针对每个人在困难面前的表现情况来看，意志又可被划分为意志坚强型及意志懦弱型。

坚强型的本质特性，就是不怕困难、知难而进；就是敢于迎接困难、克服困难。属于这种类型的人，其对待困难的态度是："困难像弹簧，你强它就弱，你弱它就强。"坚强型的人，往往都具有很强的韧性，很强的忍耐力。他们能忍受一般人无法忍受的痛苦、经得起一般人不能经受的考验。

懦弱型的本质特征，就是害怕困难，知难而退。属于这种类型的人，其对待困难的态度是：惊慌失措、畏首畏尾。这种人缺乏韧性，毫无忍耐力。无论肉体上的痛苦，或精神上的折磨，他们都一概无法忍受。他们只能在顺境中生活，不能在逆境中奋斗。

在现实生活中，我们所见到的大多数人，有的是坚强型多于懦弱型；有的是懦弱型多于坚强型；有的是坚强型与懦弱型基本相当。纯粹的坚强型或懦弱型是不多见的。

每一个人在奋斗中都会遇到各种困难、挫折和失败，不同的心态，是成功者与普通人的区别。许多人最终迈向成功，是在经历了无数次失败之后。不曾失败者不会成功。

1978 年 10 月 15 日，当了福特公司整整八年总裁的艾科卡，突然被公司老板亨利·福特解雇了。亨利·福特是个专横武断的人，他嫉妒艾科卡日益增长的声望和权力，害怕他会夺走他家庭的利益。艾科卡仿佛一下子从天堂被踢下地狱，尝尽了挫折、失败以及世态炎凉的滋味。但在厄运面前，艾科卡毫不气馁，转入另一个濒临破产的大汽车公司——克莱斯勒公司，以顽强的意志去迎接挑战。当时的克莱斯勒公司负债累累，就任董事长的艾科卡首先重建公司的管理系统，他辞退了 35 名不称职者，招聘和提升了许多充满活力、极有才干的年轻人。不料当时世界的能源危机突然袭来，汽车销售大幅度下降，在这种严峻的形式下，艾科卡快刀斩乱麻，裁员 1.5 万人，精简管理层次。同时，艾科卡多方游说，努力争取政府贷款。在那段艰难的日子里，艾科卡身负巨大的压力和工作重荷，一星期跑几次华盛顿，一天发疯似的开上 8 至 10 个会。终于，参、众两院通过了政府向克莱斯勒公司提供 15 亿美元贷款的决定。1982 年，乌云消散，克莱斯勒公司复兴了。次年，公司的纯利便达到 9 亿多美元。经过艰苦的努力，艾科尔又一次赢来了事业的辉煌，他用意志战胜了命运。

　　或许你往事不堪回首；或许你没有取得期望的成功；或许你失去至爱亲朋，失去企业，甚至居无定所……然而，即使你面对这一切的不幸，你也不能屈服。你或许会说，你经历过太多的失败，再努力也没有用，你几乎不可能取得成功。这意味着你还没有从失败的打击中站立起来，就又受到了打击。这是悲观和懦弱的表现。

　　只要永不屈服，就不会失败。不管失败过多少次，不管时间早晚，只要坚持不懈地努力，成功总是可能的。对于一个没有失掉勇气、意志、自尊和自信的人来说，就不会有失败，他最终定是一个胜利者。让我们做一位强者，有足够的勇气和毅力，让失败来唤醒雄心壮志，变得更加强大。

意志过程的三部曲

　　意志力在很大程度上取决于一个人是否相信自己的能力，以及对所要做的事保持坚定的决心。意志力是一种发自于内心的自我驱动的力量，是对于自己所选择的目标抱有的坚定信念，它决定了一个人的成功之路可以走多远。

下定决心

　　决心是意志过程的第一部曲。我国古代学者所提倡的"立志"，便含有下定决心的意思。如说"有志者事竟成"，意即下定决心去做好某一件事，就一定能取得成功。下定决心不是轻而易举的，它往往要经过一系列复杂的心理活动：认清客观条件，展开动机冲突，积极进行思维。要对情况有明确的认识和分析，才会决心大；盲目下定的决心，即使决心再大，也是无济于事的，甚至南辕北辙。下定决心主要表现在两个方面。一是确定行动的目的。每一个意志行动都有其最终的目的，而这个最终目的并非是一下子就能定下的，它往往需要人们反复衡量、多次比较，然后才能以"决心—决定"的形式确定下来。这里要指出的是，决心是决定的内部基础，而决定则是决心的外部表现。二是选择达到目的的行动方法和方式。选择什么样的方式方法去实现目的，可能与知识、经验有关，也可能与动机、目的有关。但不论怎样，行动的方式方法的最终选择，也必须以"决心—决定"的形式才能确定下来。

　　坚定的决心是一种力量，坚定的决心是你战胜困难所必需的。拥有了坚定的信念与决心，就更容易赢得别人的信任，就更容易获得别人的帮助。而那种做事三天打鱼，两天晒网，没有干劲和毅力的人，就没有人愿意信任他或支持他，因为大家都知道他做事不可靠，随时都会面临失败。

　　坚韧的人一旦下定决心从不会轻易停下来想想他到底能不能成功。他唯一要考虑的问题就是如何前进，如何走得更远，如何接近目标。无论途中有高山、河流、还是沼泽，他都会想办法去攀登、去跨越。而所有其他方面的考虑，都是为了实现这个终极目标。

　　为了发明矿工用的安全灯，乔治·斯蒂芬森带着巨大的勇气来进行实验。他下决心要对安全灯进行全面的实验和检测，为此，他亲自到矿井中去，这使他的朋友们大为惊讶和不安。当斯蒂芬森问矿工们，哪里是最危险的坑道时，别人告诉他有一条坑道充满了瓦斯，随时有爆炸的危险，他们劝他赶紧回去。可他却义无反顾，立马到那里去检验自己的安全灯。而其他人看到这一情景，竟然情不自禁地后退到安全距离以外。

　　斯蒂芬森慢慢地向前走去，也许前面就是死亡，或者失败，但在斯蒂芬森看来，失败比死亡更糟。而斯蒂芬森那勇敢的心没有为之战栗，他的手并没有因此而颤抖。到了最危险地段，他在瓦斯汹涌的坑道里持着自己的安全灯，静静地等待结果发生。一开始灯的火焰突然亮了一下，然后就开始明明灭灭地闪烁——火焰暗下去了——最后熄灭了。在这种可怕的气体中，斯蒂芬森的灯并没有产生任何容易引起爆炸的迹象。没有爆炸！显然，斯蒂芬森发明了一种可以在矿坑里使用的安全照明灯，这种灯不会遇到可燃气体就发生爆炸，他为成千上万的矿工们的安全作出了巨大贡献。这就是最初的"实用的煤矿照明安全灯"的由来。

　　一个人一生的成败，全系于意志力的强弱。具有坚强意志力的人，遇到任何艰难障碍，都能克服困难，消除障碍；意志薄弱的人，一遇到挫折，便思求退缩，最终只能归于失败。实际生活中有许多青年，他们很希望上进，但是意志薄弱，没有坚强的决心，不抱着破釜沉舟的信念，一遇挫折，立即后退，所以终遭失败。

　　一旦下了决心，不留后路，竭尽全力，向前进取，那么即使遇到千万困难，也不会退缩。如果抱着不达目的绝不罢休的决心，就会不怕牺牲，排除万难，去争取胜利，把犹豫、胆怯等妖魔全部赶走。在坚定的决心下，成功之敌必无藏身之地。

　　一个人有了决心，方能克服种种艰难，获得胜利，这样才能得到人们的敬仰。所以，有决心的人，必定是个最终的胜利者。只有决心，才能增强信心，才能充分发挥才智，从而在事业上作出伟大的成就。

　　如果你认真地考察过自己，对自己的体格、学问、专长、才能和志趣有一个深刻的把握，同时你也已经找到"性之相近、力之所能"的职业了，就不要再彷徨犹豫，更不要费尽心机去找比手头的工作更好的职业，而是应该立即坚定意志，集中精力于工作之上，全力以赴。唯有坚定的决心，才能引导你迈向成功。

许多人最终没有成功，不是因为他们能力不够、诚心不足或者是没有对成功的渴望，而是因为缺乏足够坚定的决心。这种人做事的时候往往虎头蛇尾、有始无终、东拼西凑、草草了事。他们总是怀疑自己目前所做的事情能否成功，永远都在考虑到底要做哪一种事，即使他们认定某种职业绝对有成功的把握，但做到一半他们又觉得还是另一个职业比较妥当。这种人最终还是难免以失败作为结局，对于这种人所做的事情，别人肯定无从信任，就是连他自己也常常毫无把握。

一个人有了铁一般的决心，无形中就能给他人一种信用的保证，暗示着他做事一定会负责，不远处就有成功的希望。举例来说，一位建筑师设计好图纸后，如能完全依照图样，一步一步去施工，一座理想的大厦不久就会拔地而起。倘若这位建筑师一面施工，一面不停地改动那图纸，东改一下，西动一下，试想这所大厦还能盖成吗？所以说，做任何事情，下决心时固然应该考虑周详，但主意打定后，就千万不能有所动摇了，而应该按照拟订的计划，踏踏实实去做，一步一个脚印，不达目的誓不罢休。

成功者绝不可能是遇事迟疑不决、优柔寡断的人。成功者的特征是：绝不因任何困难而沮丧，咬定青山不放松，认定目标勇往直前。

通常，人们最信任的人就是那些拥有坚定的决心的人。他们也会遇到困难，碰到障碍和挫折，但即使失败，也不会败得一塌糊涂、败得一蹶不振。

只要有坚定的决心，即使才能平平的人也会有成功的一天；否则，即使是一个才识超群、能力非凡的人，也将遭受失败的命运。

一家全球闻名的保险公司总经理说过，在工作中，他所遇到的最大难题就是选择可靠的工作人员。因为每次招聘经过严格的考试后，难得有一两位候选人是合格的。

他的考试很特殊，目的在于测试应试者是不是一个有坚定的信念与决心的人。在面试中，他用种种消极的话语来测试应试者的信念与决心，告诉他们保险业的重重危机和实际工作中的巨大阻力，以此来试探他们。

很多人听了他的话之后，也就认为前途一片暗淡，因而打消了要去保险公司工作的信念。而只有极少数人在听了这位总经理对前景的种种惨淡描述后，仍然不为所动，决心依旧；同时，言谈举止之中能够做到处处谨慎大方，并能显出忠诚可靠、富有勇气的个性，这样的人才是这家大保险公司所需要的。

坚定决心，这是公司对所有合格的应试者要求的条件，如果没有这些特征，无论才识如何渊博，都无法得到公司的认同。

永不屈服、百折不回的意志力是获得成功的基础，而坚定的信念与决心是意志力的第一大要素。库伊雷博士说过："许多青年人的失败都可以归咎于缺乏信念与决心。"的确，大多数青年颇有才学，也具备成就事业的能力，但他们的致命弱点是缺乏信念、没有决心，所以，终其一生，只能从事一些平庸安稳的工作。他们即使遭遇微不足道的困难与阻力，也会往后退缩，裹足不前，这样的人怎么可能成功呢？如果你想要获得成功，就必须为自己赢得美好的声誉，让你周围的人都知道：一件事到了你的手里，就一定会做成。而这首先需要你自己对这件事拥有坚定的决心。

一旦你树立了坚定的决心，无论在哪里，你都能找到一个适合你的好职位。与之相反，如果你自己都看不起自己，只知糊里糊涂地生活，一味依赖别人，那么你迟早有一天会被人踢到一边。

决心称得上是世间最有价值的美德，只要凭着坚定的决心，一个人的力量就能发挥得淋漓尽致。

树立信心

自信心是意志过程的第二个阶段。

自信心，是自己相信自己的愿望或预料一定能实现的心理状态。一个人如果没有自信心，就不能大有作为；一个民族如果没有自信心，则不能兴旺昌盛。人才的造就，事业的成功，都要经过千险万阻，而自信心是人才成功的精神支柱。

自信是人生价值的自我实现，是对自我能力的坚定信赖。失去自信，是心灵的自杀，就像潮湿了的火柴，再也不能点燃成功的火焰。

许多人的失败，不在于他们不能成功，而是因为他们不敢争取，或不敢不断争取。而自信则是成功的基石，它能使人强大，能使丑小鸭变成白天鹅。道理很简单，你只要对你所从事的事业充满必胜的信心，就会采取相应的行动，并且百折不挠，直至成功。而没有自信，绝无行动，这样，再壮丽的理想也只不过是没有曝光的底片。

1956 年 10 月 20 日，一位叫林德曼的精神病学专家独自一人驾着一叶小舟驶进了波涛汹涌的大西洋。在这之前，已经有不少勇士相继驾舟横渡大西洋，结果均遭失败，遇难者众。林德曼认为，这些遇难者首先不是从肉体上败下阵来的，主要是死于精神上的崩溃，死于恐怖和绝望。一个人只要对自己抱有信心，就能保持精神和机体的健康，并能够克服道路上的困难。为了验证自己的观点，他要亲自驾船进行"实验"。

林德曼驾驶的船只有 5 米长，是目前所知载人横渡大西洋的最小的船。它设计得适合湖泊、没有急流的河流、平静的沿海水域，有一点像远洋航行的帆船。虽然如此，林德曼的小船顽强地抵抗了大西洋的浪涛，尽管两次倾覆，仍数次在飓风中死里逃生。出发前，林德曼装了 60 罐食物、96 罐牛奶和 72 罐啤酒在这个 27 公斤的小船上。食物和装备把船塞得太满了，没地方放得下一个炉子。旅程中食物不够时，他就只好抓鱼来生吃。在海上航行期间，他的体重减轻了 50 磅。最终，林德曼用了 72 天成功横渡大西洋。

林德曼驾着这艘弱不禁风的小船横渡大西洋的时候没有做任何记录。他感兴趣的是人应对极限条件下的精神紧张的方式。他靠自我催眠和他发明的一种"心理卫生"系统来克服恐慌和想要自杀的绝望。独自在波涛中拼搏了两个半月，不充足的食物，仅能伸直双腿的空间，这些给了林德曼一个机会去试验和改进他的方法。在航行中，林德曼遇到了难以想象的困难，多次濒临死亡，他的眼前甚至出现了幻觉，运动感也处于麻木状态，有时真有绝望之感。但只要这个念头一升起，他马上就大声自责："懦夫，你想重蹈覆辙，葬身此地吗？不，我一定能够成功！"生的希望支持着林德曼，最后他终于成功了。他在回顾成功的体会时说："我从内心深处相信一定会成功，这个信念在艰难中与我自身融为一体，它充满了周围的每一个细胞。"

林德曼的经历表明，人只要对自己保持坚定的信心，就能够闯过重重难关，并最终取胜。

在现实生活中，信心一旦与思考结合，就能激发潜意识来激活无限的智慧和力量，使每个人的欲求转化为物质、财富、事业等方面的有形价值。有人说：成大事的欲望是创造和拥有财富的源泉。人一旦产生了这一欲望并经由自我暗示和潜意识的激发后形成一种信心，这种信心便会转化为一种动力。它能够激发潜意识释放出无穷的热情、精力和智慧，进而帮助其获得巨大的财富与事业上的成就。所以，有人把"信心"比喻为"一个人心理建筑的工程师"。

在每一个成功者的背后，都有一股巨大的力量——信心——在支持和推动着他们不断走向成功。

每个人都不能离开自信，它是你生命中的指路明灯。

自信心是引导人们走向胜利的阶梯。一般来说，自信心充足者的适应能力较高，反之，则适应能力较低。但很多人都缺乏自信，因而终生默默无闻。

　　曾经有人做过这样一个调查：你自己认为最难解决的私人问题是什么？600个大学生中，75％的人在答卷上选择"信心不足"的答案。

　　十分巧合的是，这个世界上至少有2/3的人营养不良，也就是说，这个世界上信心不足的人数和营养不良的人数一样多。营养不良，使人身体无法正常发育；自信心不足，也会带来精神上的发育不良。

　　缺乏自信心，是人生的一大悲哀。这种悲哀在于，他们把"自我"丢失了。一个人丢失了"自我"，便没有了灵魂，没有了动力，没有了生活的乐趣。

　　当自信心融合在思想里时，潜意识便会立即拾起这种震撼，把它变成等量的精神力量，再转送到无限智慧的领域里促成成功思想的物质化。可见，自信心对成功是何等重要。说白一点，缺乏自信心的人将一事无成。

　　自信的建立并非像有些人想象的那样困难，它是一个认识自我、肯定自我的过程。只要你总想着自己的长处，总想着自己已经成功的经验，你的自信心便会逐渐在你的心中复苏、生根，并逐渐主导你的潜意识。经过一段时间的努力，自信心便会融入你的性格。

保持恒心

　　恒心是意志过程的第三个阶段。我国古代学者更强调恒心的价值。如荀子云："锲而舍之，朽木不折；锲而不舍，金石可镂。"在意志过程中，恒心阶段具有更为本质的意义。因为光有决心和信心，而没有坚持到底的恒心，自然毫无意义：决心成了水中之月，信心也成了闪烁流星。恒心的坚持在于，一方面要善于抵制不符合行动目的的主观因素的干扰，做到面临重重诱惑而不为所动；另一方面要善于长久地维持已经开始的符合目的的行动，做到无论从事什么工作，都有始有终。具有恒心的人，不论前进道路上如何险阻重重，都不放弃对目标的执着追求；不论行动过程中如何枝节横生，总是目不旁顾，坚持既定的方向。

　　恒心是克服一切困难的钥匙，它可以使人们成就一切事业。它可以使人们在大灾祸、大困苦的时候不致覆亡。它可以使人们以铁路、电报等工具，将各洲贯通联络起来。它可以使人们寻见新陆地，获得大胜利。它可以使贫苦的孩子受大学教育，在社会上有所表现。它可以使纤弱的女子担当起持家的重担，使残疾的人能够挣钱养活衰老的父母。它可以使人们逢山凿隧道，遇水架大桥。

　　世界上没有任何东西可以比得上、可以替代恒心，知识、金钱、权势以及其他一切的一切都不能替代。

　　恒心是一切成大事者的特征。劳苦不足以使他们灰心，困难不足以使他们丧失意志，不管是怎样的艰难困苦，他们总会坚持忍耐着，因为"坚韧"是他们的天性。他们或许缺乏某种良好的素质，或许有种种弱点、缺陷，然而恒心则是成大事的人绝不会缺少的涵养。

凡是用恒心当作资本从事事业者，他成功的可能，比那些以金钱为从事事业资本者要大得多。人们的成功史，每时每刻都在证明拥有恒心可以使人脱离贫穷，可以使弱者变成强者，变无用为有用。

犹太人的祖先摩西，为了脱离埃及人的压迫，率领犹太人去寻找物产丰富的乐土——巴勒斯坦。经过了 41 年的沙漠漫游生活，终于找到了肥沃的土地巴勒斯坦，并建立起了犹太人的乐园。

伊斯兰教的创始人穆罕默德，到 40 岁的时候，才开始创立教派和宣传教义。他宣称自己是神的使者，因此被视为异端，被逐出了麦加城，过着贫穷流亡的生活。但是，他仍然能够忍受一切厄运，努力宣扬自己的宗教，花了 20 年的时间，终于将伊斯兰教传播开来，并使自己成为阿拉伯人的领袖，以统治者的姿态，再次进入了麦加城。

著名的发明家爱迪生也是一个具有恒心的人。每当他发明一件东西的时候，他都要忍受别人的讥笑和指责，因为他的观念太新了，别人无法接受，甚至有不少人把他的新奇发明视为洪水猛兽。但是，爱迪生能够忍受任何的讥笑，他努力地为自己的发现寻找依据，并争取别人参与试验和试用。相传他在发明电灯的过程中，为寻找适合做灯丝的材料，曾先后试验过 1 000 种材料。当别人嘲笑他的时候，他却回答："在失败 999 次的同时，我又找到了 999 种不能用电来发光的材料。"

"继续罢！继续罢！没有任何东西可以取代恒心。只凭聪明的人，不能够成功，因为聪明而不能成功的人实在太多了。"发展了麦当劳连锁快餐的韦郭先生，他曾经讲过一些关于恒心的话，他说，"只凭天才的人不能够成功，因为怀才不遇的人在这个世界上也着实不少。教育也并不能够取代恒心，在今日的社会中，不是有很多自暴自弃的读书人吗？只有恒心，才是成功的唯一要素。"

当人们竭尽全力却依然要面临失败的结局，当其他各种能力都已束手无策、宣告绝望之时，恒心便悄然来临，帮助人们取得胜利、获得成功。

因为无坚不摧的恒心而做成的事业是神奇的。当一切力量都已逃避了、一切才能宣告失败时，恒心却依然坚守阵地。依靠恒心，终能克服许多困难，甚至最后做成许多原本已经失望的事情。

当人人都停滞不前的时候，只有富有恒心的人才会坚持去做；人人都因感到绝望而放弃的信仰，只有富有恒心的人才会坚持着，继续为自己的意见辩护。

所以，具有这种卓越品质的人，最终都能获得良好的声誉和可观的收益。

意志行动的自我成长过程

每一点进步都来之不易，任何伟大的成就都不是唾手可得。许多成功人士的一生，就是坚定执着、顽强拼搏的一生。对于想成就一番大事的人来说，意志是最好的助推器。谁能不退缩地进行一次又一次的尝试，谁就能一步步地接近成功。

意志在动机冲突中的表现

动机是激励、引导人们进行某种活动，维持、调节已有活动，并促使该活动朝向一定目标开展的内在原因或内部力量。

人的任何活动都是从一定的动机出发，并指向一定目的的。动机是活动的原因，目的是活动所追求的结果。

动机与目的具有不可分割的关系。即是说，有动机必有与之相伴随的目的，反之亦然。没有无目的的动机，也没有无动机的目的。

然而，动机与目的的关系又是错综复杂的。动机与目的的关系，正像原因与结果的关系一样，不是一对一的关系，即一个动机只针对一个目的。实际的情况是，有些活动的动机只有一个，而可以有若干局部的或阶段性的具体目的；同样，有些活动只有一个总的目的，而也可以有若干局部的或阶段性的具体动机。这是一种情况。另一种情况是，在同一个人或不同的人身上，同样的动机可以体现在不同目的的活动中；同样，在同一活动的目的之下，也可以包含不同的动机。

动机是行动的直接原因，在一个人的行动中，往往并不是只有一种动机在发生作用，而是常常具有两个以上的目标，而这些目标不可能同时实现，因而促使了意志行动中的目标冲突或动机斗争。例如，填报大学志愿时报了理科就不能报文科，如果一个人既喜爱文科又想报理科，冲突就出现了。冲突可能由于理智的原因引起，也可能由于情绪的原因引起。但是，一旦冲突出现，就总伴随着某种情绪状态，如紧张、焦躁、烦恼、心神不定等。当问题特别重要，而可供选择的各种方案又都具有充分的理由时，这种特殊的冲突状态就会更深刻、更持久。

动机冲突的情况是很复杂的，从类型来说，动机冲突可分为两大类：

一类是由外在条件激发而来的动机，可称为外在动机。以学习动机来说，如父母的奖励、教师的表扬、同学们的尊重，都可能成为激发学习动机的条件。但这种外在动机的"内驱力"小，维持的时间也不长。

另一类是由内部心理因素转化而来的动机，可称为内在动机。能转化为动机的心理因素很多，如需要、愿望、兴趣、情感、信念、理想、世界观等，在一定的条件下，都可以成为推动人们进行活动的内在力量，从而转化为活动的内在动机。这种内在动机的"内驱力"大，维持的时间也较长。

外在动机与内在动机之间，是可以交替转化的。人们在实际活动中，有时是外在动机起作用，有时是内在动机起作用，轮换交替，这是一种情况。另一种情况是，当一个人在某种外在动机的推动下进行活动时，渐渐地对活动产生了兴趣，于是便在兴趣的推动下继续进行活动，这样外在动机便转化成为内在动机了；同样，当一个人在某种内在动机的推动下进行活动时，由于做出成绩获得奖励，于是又在奖励的推动下继续进行活动，这样内在动机便转化为外在动机了。应当指出，两种动机的交替不一定能够转化，两种动机的转化一定能够交替。

以上我们说的是动机冲突从类型上可分为外在动机和内在动机。然而，如果从形式上看，动机冲突又可分为双趋冲突、双避冲突、趋避冲突、多重趋避冲突四大类型。

1. 双趋冲突

所谓双趋冲突，系指一个人同时具有两个同样强度的动机；而它迫于情势只能满足其中的某一个，必须舍弃另一个，于是便造成了难以取舍的冲突心理。例如，两部好看的电影只能看其中的一部；同时得到两个出国深造的机会只能选择其中的一个；两个同样有吸引力的工作岗位而不可兼得，等等。

2. 双避冲突

所谓双避冲突，系指一个人在两个具有威胁性的目标面前，必须接受其中的一个才能避开另一个。在此种情况下，他就必然会陷入左右为难的双避冲突的境地。例如，一个人害怕医生开刀，但只有开刀才能保全生命；在此种情势下，他不得不忍受开刀的痛苦，以避开病魔对自己生命的威胁。

3. 趋避冲突

这种冲突是在同一物体对人们既有吸引力，又有排斥力的情况下产生的。在这种情况下，人们在接近的同时，又故意回避它，从而引起内心的冲突。例如，孩子跟随爸爸、妈妈外出，但同时又怕受到约束；学生愿意选修一些新的难度较大的课程，但又担心考试失败；外出旅游是件有吸引力的事情，但因耗费时间太多而不愿意去，这些情况下引起的冲突都是接近—回避型冲突。

4. 多重趋避冲突

在实际生活中，人们的接近—回避型冲突，常常出现一种更复杂的形式，即人们面对着两个或两个以上的目标，而每个目标又分别具有吸引和排斥两方面的作用。人们无法简单地选择一个目标，而回避或拒绝另一个目标，必须进行多重的选择。由此引起的冲突叫多重接近—回避型冲突。例如，现在各用人单位都提倡人员流动。当一个人看到某大城市招聘职工时，可能引起接近—回避型冲突。他想到去那儿工作的许多好处，如工资收入多、住房条件好等，但又担心去一个新的城市生活不习惯，子女教育问题难以解决。如果留在原单位工作，工资和住房条件差些，但工作和生活环境早已习惯，也比较安定，子女升学的条件也较好等。由于对各种利弊、得失的考虑，产生了多重接近—回避型冲突。解决这种冲突要求人们对各种可能性进行深入的思考，因而要花费较长的时间。

另外，从内容上来看，动机冲突可分为原则性的和非原则性的。凡是涉及个人期望与社会道德标准、法律相矛盾的动机冲突，属于原则性的动机冲突，往往会引起激烈的思想斗争。凡是不与社会道德标准相矛盾，仅属个人兴趣爱好方面的动机冲突，属于非原则性的动机冲突，通常不会引起激烈的思想斗争。

在动机冲突时怎样来衡量一个人的意志品质呢？对于原则性的动机冲突，意志坚强者能坚定不移地使自己的行动服从于社会道德标准、服从于集体的和国家的需要；而对于非原则性的动机冲突他也能根据当时的需要果断取舍。如果一个人遇到原则性的动机冲突时不能使自己的行动服从于社会道德标准，或者对待非原则性的动机冲突经常犹豫不决、摇摆不定，那是意志薄弱的表现。

就动机冲突来说，最能考验一个人的意志的是双趋冲突。因为生活中比较难以处理的是双趋冲突。在双趋冲突中，两种都想得到的东西如果有好坏之分，人的动机冲突还是比较好办。而事实上往往是想得到的都是挺美好、挺有用的东西，这时的动机冲突解决起来才更为困难。但是，现实就是这样，鱼和熊掌兼得的时候是不多的，人们面对那么多美好的东西常常不能同时拥有，必须有所放弃。放弃的东西并不就是坏东西。在好坏之间，人是较容易放弃一面的，困难的就是面对的都是美好的东西，放弃哪个都似乎"于心不忍"，难以抉择，这是对一个人意志的最好考验。

意志在目标确定中的表现

如果说动机是激励人去行动的原因，那么，目的则是行动所要达到的结果。在许多场合，人都不是只有一种目的，而是同时具有两种或多种目的。这些目的可能相互冲突，相互矛盾。相互对立的目的也会引起心理冲突，只有进行认真地斟酌权衡，从中进行选择，才能确定好行动目的。因此说，目的的确定也不是一件容易的事，也需要意志力的帮助与支持。

卢西亚诺·帕瓦罗蒂出生在一个普通的意大利家庭，他的父亲是一个平凡的面包师，同时还是一个狂热的歌唱爱好者。当帕瓦罗蒂还是个孩子时，他就开始教帕瓦罗蒂学习唱歌。

"孩子，从现在开始你就要刻苦练习，培养嗓子的功底，只有这样，将来才能成为一个出色的歌唱家。"父亲时常这样鼓励帕瓦罗蒂。

后来，帕瓦罗蒂渐渐长大，歌唱才华也越发显露出来。于是父亲带着他来到蒙得纳市，找到当时十分有名的专业歌手阿利戈·波拉，请他收帕瓦罗蒂做学生。阿利戈·波拉在听帕瓦罗蒂的试唱时，听出了帕瓦罗蒂罕见的高音才华，立刻答应收他为徒。那时，帕瓦罗蒂还在一所师范学院上学，学习成绩十分优异。

在毕业时，帕瓦罗蒂彷徨了，接下来的路该怎么走？按部就班当一名音乐教师，还是应当为成为歌唱家而奋力一搏？他找到父亲，征求意见。

父亲盯着他看了好一阵，然后回答说："卢西亚诺，如果你想同时坐两把椅子，你只会掉到两把椅子之间的地上。在生活中，你应该选定一把椅子。"

经过痛苦的思考之后，帕瓦罗蒂终于作出了选择——选择歌唱作为他一生为之奋斗的事业。

对帕瓦罗蒂来说，更艰难的是选择之后的努力，是种种无法预知的困难；是面对无法预知的前程时内心的迷茫与焦灼；是独自承担努力过程中一次次的挫折与失败，以及努力了也未必如愿以偿的未卜的前程。经过七年的刻苦学习，帕瓦罗蒂才第一次正式登台演出。此后又用了七年的时间，他才得以进入大都会歌剧院。14年间，帕瓦罗蒂顶住了一次次失败所带来的莫大痛苦，他不断地鼓励自己：坚持到底！

终于，凭借着浑厚而明亮的歌喉和足以划破长空的高音 C，凭借着坚持不懈的努力，帕瓦罗蒂征服了全世界。

当教师和当歌唱家，是为了从事歌唱事业这个同一动机下的不同目的。帕瓦罗蒂在二者之间艰难地作出抉择，最终以成为歌唱家为自己的奋斗目标，表现出了良好的意志品质。

在下述两种情况下，目的的确定都需要较大的意志努力。

一种情况是，在并存的目的中，如果每种目的都有引人之处，或者说它们对于个人来说都是必要的，但由于主客观条件所限，只能实现其一。在这种情况下，各种不同目的之间就会发生冲突，进行选择就会出现困难。不同目的越是同等重要，个人对于每种目的所抱的态度越接近，选择的困难就越大。这种情况下就需要靠意志努力作出果断的选择。

另一种情况是，在多种并存的目的中，有一种目的对个人有益，使个人的需要能得到满足，而另一种目的对个人来说无关紧要，也引不起人的兴趣，但它对社会却是有益的。这时，在目的的选择上困难更大，需要更大的意志努力才能克服内部障碍。也正是在这种情况下，更明显地表现出一个人的意志品质。一个意志坚强的人，能够使自己的意志服从客观需要，服从具有社会意义的目的。

有时候，可供选择的多种目的，可能彼此之间并无冲突。它们对人的活动都有一定的激励作用，但它们却有远近和从属之别，这就需要根据情况作出合理的抉择。

在目的的确定中，还需要区分两种目的。一个是有效的目的，即经过自己或依靠群体的努力能够实现的目的；一个是无效的目的，即经过自己的努力乃至群体的努力而无法实现的目的。目的的有效性与无效性也是相对的。比如，想像鸟儿一样飞翔于蓝天，对于古代人来说是一种无效的目的，而对于在科技发达的今天的人来说则是一种有效的目的。再比如，想凭个人的主观意愿将社会建成丰衣足食、国富民强的盛世局面是无效的，但如果努力的方式符合历史发展的规律，又能把它化为众人的力量，就会产生积极的效果。当然，有些目的如果违背客观规律，比如希望长生不老，像神话中的神仙那样呼风唤雨，不刻苦学习就能"学富五车，才高八斗"等，终归是无效的。然而，现实中每每有这样一种人，他们由于缺乏实践经验，缺乏对客观规律及自身力量的全面而深刻的认识，加上富于幻想，常常会产生一些无效的目的。尽管这种目的也推动他们去行动，但往往耗费了大量的时间和精力仍难以实现，其结果是挫伤意志力。因而，我们在确定目的时，应特别注意目的的有效性。

意志在计划执行时的表现

在计划的执行过程中，人的意志是在两种情况下得以体现的。一种情况是，在采取决定阶段所确立的目的和计划是合理的，是符合实际情况的，只是在行动中遇到这样那样的困难，这时克服重重困难，坚决执行预定计划，是意志坚强的表现。一种情况是，人在实践活动中发现，在采取决定阶段所确定的目的和计划是不切实际的，那么，在行动中及时放弃或修正先前的不切实际的目的和计划，执行新的计划，也是意志坚强的表现，不能把这看作是意志软弱。相反，在计划的执行中，轻易地放弃预定的符合实际情况的合理的目的和计划，是意志薄弱的表现；而固执地坚持不符合实际情况的预定的目的和计划，也是意志薄弱的表现。

在古今中外的历史上，大凡有所成就、有所建树的人，都能够排除万难，坚韧不拔地执行预定计划，他们"生命不息，奋斗不止"的精神，为我们树立了光辉的典范。

我国著名画家、书法篆刻家齐白石先生自 27 岁开始学画起，便日日勤练。在他近 70 年的作画生涯中，仅有两次共计十几天间断过作画。

一次是他 63 岁时生了一场大病，病得七天七夜不省人事；一次是他 64 岁时，母亲去世，他太过伤心而无法作画。除了这十几天之外，齐白石没有一天将画笔闲置过。即使由于意外原因，致使当天不能作画，第二天他也会千方百计地补上。

齐白石 85 岁那年，有一天，风雨大作，乌云低沉地笼罩着大地，齐白石的兴致被这抑郁的天气搅得十分低落，打不起一丝精神来，每每拿起画笔便被窗外的风声雨声搅得心烦意乱。无奈之下，他只好放下画笔，放弃这一天的"工作"。

第二天，齐白石自睡梦中醒来，看到窗外明媚的阳光，顿觉神清气爽。于是，他马上来到书房，挥毫泼墨，每画一笔都觉得如有神助，一连画了四张条幅居然一点都不觉得累。看到自己的劳动成果，齐白石也觉得十分满意，他拈了拈胡须，想："谁说我老了，这四幅条幅我可是一气呵成的啊！"虽是如此想，但毕竟有几分壮士暮年的感慨，自己已经 85 岁了，时间对自己来说太宝贵了。想到此，他立刻想到昨天因风雨而误的"工作"，于是决定再画一幅，把昨天漏掉的一并补上。

时间不知不觉已是中午，家人见齐白石还在书房作画，不敢打扰，就在书房外静静地等待他与大家一起吃午饭，而饭已经热了好几次了。

齐白石老人用心地画完那幅画后，在上面题道：昨日风雨大作，心绪不宁，不曾作画，今朝特此补之，不教一日闲过。

齐白石先生"不教一日闲过"的精神给世人留下了深刻的印象。

在生命漫长的海岸线上，我们可以看见许多搁浅在岩石或暗礁上的船只，它们建造得很完美，而且装备得也不错，但就是无力航行。我们看到有些人的生命之舟搁浅在岸边，破败不堪，原因就在于，他们缺乏一种坚决执行预定计划的意志力。

打个比方来说：一位建筑师打好图样之后，若完全依照图样，按部就班地去动工，一所理想的大厦不久就会成为实物；倘若这位建筑师一面建造，一面又把那个图样东改一下，西动一番，试问这座大厦还有成功之日吗？

因此，在事业的路途中，你只有充分发挥自己的天赋和本能，才能找到一条连接成功的通天大道。一个下定决心就不再动摇的人，无形之中能给人一种最可靠的保证，他做起事来一定肯于负责，一定有成功的希望。因此，我们做任何事，事先应固定一个尽善的主意，一旦主意打定之后，就千万不能再犹豫了，应该遵照已经定好的计划，坚持下去，不达目的绝不罢休。

意志在困难克服时的表现

人的一生中不可能一帆风顺，不遇艰难险阻。问题是，有的人在面临困难时，无所畏惧，百折不挠，将困难视为生活的一种考验，并从中锻炼自己的意志力；而有些人在遇到困难时，首先就会畏惧退缩，并且抱怨，他们把困难当作一种无法逾越的障碍，没有克服困难的意志力。一个不成熟的人随时可以把自己与众不同的地方看成是缺陷、是障碍，然后期望自己能享受特别的待遇。成熟的人则不然，他们会先认清自己的不同处，然后决定是要接受它们，还是应加以改进。

面对困难的态度十分重要。困难就像纸老虎，如果你害怕它，畏缩不前，不敢正视，它就会吃掉你；但是，如果你毫不畏惧，敢于正视，它就会落荒而逃。对于懦弱和犹豫的人来说，困难是可怕的，你越犹豫，困难就越发可怕，越发不可逾越；但当你无所畏惧时，困难将会消失。

一个人除非学会清除前进路上的绊脚石，不惜一切代价去克服成功路上的障碍，否则他将一事无成。通往成功路上的最大障碍就是自己。自私自利、贪图享乐是所有进步的阻碍。懦弱、怀疑和恐惧是最大的敌人。警惕你的弱点，征服自己，就会征服一切。

人生充满了各种各样的困境，比如贫穷、自身缺陷，等等。

美国总统赫伯特·胡佛是爱荷华一名铁匠的儿子，后来又成了孤儿；IBM的董事长托马斯·沃森，年轻时曾担任过簿记员，每星期只赚两美元。但是贫穷并没有成为他们成功的障碍。他们把所有的精力都用在工作上面，因此根本没有时间去自怜。

罗伯·路易·史蒂文森由于不愿向身体的缺陷屈服，因此他的文学作品更精彩、更丰厚。他一生多病，却不愿让疾病影响自己的生活和工作。与他交往的人，都认为他十分开朗、有精力，并且他所写的每一行文字也充分流露出这种精神。

埃及著名文学家塔哈·侯赛因，号称"阿拉伯文学之柱"，他代表了20世纪30年代以来阿拉伯文学的新方向。但就是这样一位伟大文豪，竟是一位双目失明的人。塔哈由于患眼疾，在三四岁时就双目失明。但性格倔强的小塔哈，没有向命运屈服，他以惊人的毅力，顽强地闯出了一条光明之路。他刻苦认真地学习，课余时间从不荒废。他经常到邻居中间，学习来自民间的淳朴、生动的语言。他听别人朗诵诗歌，就默默在心里记下，并请别人帮助自己朗读。这一切为他进入大学进一步深造打下了坚实的基础。塔哈凭着自己的努力，进入了著名的埃及大学，毕业时获得了埃及历史上第一个博士学位，得到国王的亲准，到法国巴黎留学。后又获法国的博士学位。

塔哈通过个人不懈的努力和奋斗，为阿拉伯文学宝库留下了不朽的伟大诗篇。

爱尔兰著名作家、诗人斯蒂·布朗一生中用左脚趾写成了五部巨著，其间的艰辛不言而喻。布朗生下来就全身瘫痪，头、身体、四肢不能动弹，不会说话，长到5岁还不会走路。但5岁的小布朗会用左脚趾夹着粉笔在地上乱画了。在母亲的耐心教导下，布朗学会了26个字母，并对文学产生了浓厚的兴趣。

布朗努力克服因身体残疾带来的不便，用超出常人的毅力，进行刻苦顽强的磨炼，学会了用左脚打字、画画，也开始了作文和写诗。他写作时，自己坐在高椅上，把打字机放在地上，用左脚上纸、下纸、打字、整理稿纸。经过艰苦的努力，他终于创作了大量的优秀文学作品。尤其是他的自传体小说《生不逢辰》，面世后，轰动了世界文坛，被译成了15种文字，广泛流传，并且拍成电影，鼓舞着世界人民。这位一生都在与病魔作着顽强斗争的伟大诗人和作家，在他短暂的一生中，一直都在写作。他最后完成的小说《锦绣前程》，更为我们留下了宝贵的精神财富。

这些事例都告诉我们，困难并不能成为借口。贝多芬说"我要扼住命运的咽喉"，命运其实就掌握在每个人自己手中。只要凭着坚强的意志力，就一定能克服困难，成就伟业。当你足够强大，困难和障碍就微不足道；如果你很弱小，障碍和困难就显得难以克服。

向困难屈服的人必定一事无成。很多人不明白这一点，一个人的成就与他战胜困难的能力成正比。他战胜越多，取得成就越大。

成就平平的人往往是善于发现困难的天才，善于在每一项任务中都看到困难。他们莫名其妙地担心，使自己丧尽勇气。一旦开始行动，就开始寻找困难，时时刻刻等待困难出现。当然，最终他们发现了困难，并且为困难所击败。他把一个小困难想象得比登天还难，一味悲观叹息，直到失去克服困难的机会，一次又一次陷入恶性循环，终将一事无成。

　　意志坚定、行动积极、决策、果断、目标明确的人能排除万难，勇敢地向着自己的目标前进，去争取胜利。成就大业的人，面对困难时从不犹豫徘徊，从不怀疑是否能克服困难，他们总是能紧紧抓住自己的目标，做坚持不懈的努力。对他们来说，暂时的困难微不足道。

第三章 意志力开发智力潜能

大脑可说是上天赐给人类最神奇的礼物了，它几乎能帮助我们达成一切心思，而它所具备的潜能也是无比巨大的。如果你能善于运用这个超常的机器，就能不断地开创出各种所希望的未来。

意志力促进智力发展

在人的整体心理素质结构体系中，意志居于怎样的地位，对其他心理素质的发展有怎样的作用？

我们知道，人的心理过程分认知、情感、意志三个相互联系的方面，个性心理不过是这三个方面在个体身上的不同表现而已。也就是说，人的心理世界就是相互联系的认知的、情感的、意志的三个范畴。因此，意志对其他心理素质发展的作用，其实也就是意志在认知发展和情感发展中的作用。

现在，先来看看意志对认知发展的功能。所谓意志对认知发展的功能，也可以说就是意志对智商发展的功能。

所以，我们有必要先来了解一下智商。

智商的概念是由德国心理学家施特恩首先提出来的。

智商也叫智力商数，常用 IQ 表示。智商是根据一种智力测验的作业成绩所计算出的分数，它代表了个体的智力年龄（MA）与实际年龄（CA）的关系。计算智商的公式为：

$$智商（IQ）= \frac{智龄（MA）}{实龄（CA）} \times 100$$

按照这个公式，如果一个 8 岁的儿童的智龄与他的实际年龄相同，那么这个孩子的智商就是 100，说明他的智商达到了正常 8 岁儿童的一般水平，如果一个 8 岁儿童的智龄为 6.6，那么他的智商就是 130 了。智商 100 代表智力的一般水平；如果智商超过 100，说明儿童的智商水平高；低于 100，则说明儿童的智商水平低。

用智龄和实际年龄的比率来代表智商，叫比率智商（IQ）。比率智商有一个明显的缺点。人的实际年龄逐年在增加，而他的智力发展到一定阶段却可能稳定在一个水平上。这样，采用比率智商来表示人的智力水平，智商将逐渐下降。这是和智力发展的实际情况不相符的。

为了更真实地反映出一个人的智力状况，韦克斯勒革新了智商的计算方法，把比率智商改成离差智商（deviation IQ）。提出离差智商的根据是：人的智力的测验分数是按常态分布的，大多数人的智力处于平均水平，IQ = 100；离平均数越远，获得该分数的人数就越少；人的智商从最低到最高，变化范围很大。智商分布的标准差为 15。这样，一个人的智力就可以用他的测验分数与同一年龄的测验分数相比来表示。公式为：

$$IQ = 100 + 15Z$$

其中，$Z = (X - M) / S$

Z 代表标准分数，X 代表个体的测验分数，M 代表团体的平均分数，S 代表团体分数的标准差。因此，只要我们知道了一个人的测验分数，以及他所属的团体分数和团体分数的标准差，就可很容易地计算出他的离差智商。例如，某施测年龄组的平均得分为 80 分，标准差为 5，而某甲得 85 分，他的得分比他所在的年龄组的平均得分高出一个标准差，$Z = (85 - 80) ÷ 5 = 1$，他的智商 IQ $= 100 + 15 × 1 = 115$。说明他的智商比 84% 的同龄人要高；如果某人的得分比团体平均分低一个标准差，$Z = -1$，他的智商 IQ $= 85$，说明他的智商只比 16% 的同龄人高，而低于一般人的水平。

由于离差智商是对个体的智商在其同龄人中的相对位置的度量，因而不受个体年龄增长的影响。例如，一个孩子在测验中的得分高于平均数 3 个标准差，那么，不论他的年龄有多大，他的智商总是 148。同样，一个智力平常的儿童，他的智商总是 100。

意志为什么对智商发展起作用呢？

有一个著名的研究说明了意志对智商的影响。美国心理学家特尔曼从 1921 年开始对 1 528 名智力超常的儿童进行大规模的追踪研究，前后时间长达 50 年，得出了一系列研究结果。这些超常儿童的智商都在 140 分以上，那么这些孩子长大后的成才情况如何呢？结果发现，智力与成就有一定关系，但不完全是相等关系。特尔曼等人对 800 名男性中成就最大的 20% 和成就最小的进行比较，结果发现：这两组人的差别主要在于他们的人格品质上，特别是意志品质的差异。成就大的一组人在独立性、果敢性、自制性、坚韧性等意志品质上明显高于成就小的一组人。

事实胜于雄辩，这一研究案例充分显示了意志对智商的影响。高智商并不意味着一个人能"功成名就"，而意志品质良好的人更容易取得成功。成就水平反映了一个人智力水平发挥、智力才能展现的程度。每个科学成就的获得都像爱迪生所说的那样："只靠百分之一的灵感，百分之九十九的是血汗"。

紧张的智力活动是艰苦的脑力劳动，没有非智力因素的积极参与和支持，是不可能克服困难，排除障碍的。我国现代著名学者王国维在《人间词话》中，集古人词作名句描绘的"三境界"，对我们认识这个问题是很有启发意义的。

"昨夜西风雕碧树，独上高楼，望尽天涯路。"这是第一境界。一个人在准备开展智力活动以解决某个问题之前，常常会觉得问题复杂，头绪纷繁，不知从何处着手才好。这就要求他兴味盎然、热情洋溢、下定决心、充满信心地去积极开展智力活动。

"衣带渐宽终不悔，为伊消得人憔悴。"这是第二境界。智力活动展开之后，常常不会一帆风顺，一蹴而就，而是会有急流险滩，不进则退。这就要求一个人必须持之以恒，知难而进，绞尽脑汁，凝神静气，冥思苦想这样才会有所进展，有所收获。

"众里寻他千百度，蓦然回首，那人却在灯火阑珊处。"这是第三境界。经过艰苦、大量、长时间的思考，终于"灵光乍现"，原先百思不得其解的问题最终迎刃而解了。一个人经过顽强的智力活动获得成功之后，必然会感到豁然开朗，乐也陶陶。但还要求他不能就此止步，而必须再接再厉，以饱满的情绪和旺盛的精力、毅力投入新的智力活动。

"志不坚者智不达，言不信者行不果。"可见，智商是可以通过后天训练来提高的，是越练越灵、越用越精的，天才的训练需要智商。意志品质坚强的孩子往往通过努力、刻苦地学习各种知识，来提高其智商。相反，天赋较好但不勤奋学习，最终将一事无成。

打开记忆的宝库

人的大脑与电子计算机有很大的可比性。和计算机一样，人脑在它活着的时候，能够吸收、储存和运控大量的信息，区别在于，人脑的功能比现在世界上任何最先进的电子计算机都要强大得多。在人的大脑中，积聚着高达150亿个神经细胞，它们彼此错综复杂地联系在一起。如果用数字来直观地表达两者的功能比的话，可以说大脑具有的潜在能力，相当于10万台大型电子计算机。

人的大脑具有巨大的储存量，可以在每秒钟接受十来个信息。一个信息单位叫做一比特，大约相当于一个单词的容量。根据最保守的估计，人脑的容量有一百万亿个比特。它足以装下全世界所有图书馆的藏书内容。何况人类还有潜意识，有许多难以用语言表达的微妙感觉和印象。实际上，一个普通人能够表达出的信息量，只是巨大的冰山露出海面的部分，而被海水覆盖的部分才是冰山的主体。

与电脑相比，人脑的优越性还在于它的随机应变能力。比如，现在电脑软件专家正在努力突破的"手写体识别"和"语音输入"技术，就表明了电脑和人脑的巨大差距。每个人用手写的字和印刷的字都不可能完全一样，说话的发音也不可能像播音员一样标准，但这并不妨碍人们相互用语言和文字交流；而电脑要准确地做到这一点（进行模糊思维），在目前还有许多困难。可以预见，即使科学高度发展，人脑在"灵活性"方面的能力也是电脑无法比拟的。

下面的事例将告诉你人脑比电脑更优秀。

人类远远未能充分运用大脑的功能。脑细胞虽然多达150万个，但是普通的人却只用到了其中的2%～5%而已，绝大部分脑细胞都处于"待业"状态。即使是爱因斯坦那样伟大的科学家，使用量也不足30%。所以，只要开发1%的潜在脑力，就能带来不可思议的神奇变化。

俄罗斯的报刊曾发表文章说："人类学、心理学、逻辑学、社会学和生理学的一系列最新研究成果证明，人的潜在能力是巨大的。当代科学使我们懂得人的大脑结构和工作情况，大脑所隐藏的潜能使我们目瞪口呆。在正常情况下工作的人，一般只使用了其思维能力的很小一部分。如果能开发自己的大脑达到其一半的工作能力，我们就可以轻而易举地学会四十多种语言，记住大百科全书的全部内容，还能够学会数十所大学的课程。"

由此可见，人类远远未能利用大脑的功能，每个人都有巨大的潜力等待挖掘。

人脑还有一个很重要的特征，就是越用越灵活。对大脑潜能的不断开发，有助于大脑功能的发展。

人类的大脑包括大脑、小脑和连接它们的间脑、中脑和延髓这几部分。大脑还特别区分出旧皮质和新皮质。人类所特有的、其他动物身上没有的高度的智慧，是靠大脑表面非常发达的新皮质控制的。人的智力之所以越来越发达，正是长期实践、不断用脑思索的结果。

机器用久了会有磨损，而人脑是越用越灵活。比如学外语，一旦掌握了一两门外语，再学第三门、第四门就容易多了。

头脑的好坏，绝非是天生的，主要看你后天如何利用它。所有有成就的科学家、文学家无一例外地都是长期善于用脑思索者。速算天才印度妇女莎姑达拉就是后天有意识地长期培养、训练的结果。他们的成功都离不开对大脑的不断使用。

我们要开发潜能，利用更多的脑细胞，最简单、有效的方法就是经常把新的知识和信息通过脑细胞去刺激大脑。例如，读书、看报或注意听别人的谈话，对发生在身边的事勤于思索，多问"为什么"，养成这样的习惯，对保持灵活的头脑大有裨益。

俗话说："生命在于运动。"而脑的运动更为重要。研究表明，每个人长到10岁左右，每10年大约有10%控制高级思维的神经细胞萎缩、死亡。信息的传递速度也随年龄的增长而逐渐减慢。但这并不会影响大脑功能，如果坚持用脑和注意脑营养的补充，每天又有新的细胞产生，而且新生的细胞比死亡的细胞还要多。

日本科学家曾对200名20~80岁的健康人进行跟踪调查。他们发现，经常用脑的人到60岁时，思维能力仍然像30岁那样敏捷；而那些三四十岁不愿动脑的人，脑力退化得更快。

美国科学家做了另一项实验，把73位平均年龄在81岁以上的老人分成三组：自觉勤于思考组、思维迟钝组和受人监督组。实验结果是：自觉勤于思考组的血压、记忆力和寿命都达到最佳指标。三年后，自觉勤于思考组的老人都还健在；思维迟钝组死亡12.5%；而受人监督组有37.5%已经死亡。

从这些实验我们可以看到，大脑的使用不仅可以影响大脑自身功能的开发，而且对人的健康也大有影响。

大脑可说是上天赐给人类最神奇的礼物了，它几乎能帮助我们达成一切心思，而它所具备的潜能也是无比巨大的。如果你能多留意自己所拥有的这个超常机器，就能不断地开创出各种所希望的未来。

大脑一直都在等待我们下令，期望协助我们去做出伟大的事来，而它所需要的营养并不多，只要血液能供应一点点氧及葡萄糖就够了。人脑的构造极其精密，所具备的能力也极其惊人。它每秒钟可以处理300亿个指令，而其联络的网路长达6 000英里（1英里约为1.6千米）。一个人的脑神经系统约含有280亿个神经元，它的作用主要是处理电流脉冲，若我们的大脑少了这些神经元，感觉器官所接收的一切资料就无法送达至中枢神经，而中枢神经也无法把指令传递给各个器官从而做出应有的反应。这些神经元都很小，但是自成一个系统，可以同时处理 100 万个指令。

每个神经元都可独立作业，也可与其他神经元构成一个庞大而完整的网路。大脑可以同时处理好几件事，尤其惊人的是，一个神经元可在 1/50 000 秒内，把信息传给其他成千上万的神经元，这个速度还不到你眨眼的 1/10。一个神经元传递信息的距离可比电脑远上百万倍，并且大脑还可在一秒之内很清楚地辨识，这就是大脑为什么可以同时处理好几个问题的原因。

生活中，我们要么长久将它荒废不用，要么就是毫不科学地盲目"开采"，那么，接下来我们就来简单了解一下科学记忆的方法，并让我们的意志力循着这些正确途径，走进大脑的"黄金宝库"吧。

1. 理解记忆法

记忆的技巧归根结底还是要以理解为基础。

美国教育家布鲁纳曾以 12 岁的 3 组儿童记忆 30 对配对词进行实验。这个实验对甲组只要求记住就可以，对乙组和丙组则要求利用中介词语把配对词联系起来识记，其中乙组的中介词由教师讲解，丙组的中介词完全由学生自行研究，设法找出来。实验的结果非常令人吃惊，当教师给出第一个词语而要求学生联想起第三个词语时，甲组平均答出 50%，乙、丙组竟高达 95%，其中丙组比乙组还要好些。这个例子深刻地说明依靠对知识的联系与理解记忆，特别是通过自己的努力获得对知识的理解和认知，要比机械地死记硬背效果好得多。

所谓理解就是抓住事物最本质的东西，获得规律性的认识。识记 91、86、81、76、71、66、61 七个数字，若是一个一个地硬记很难记住，如果仔细研究一下，注意到这七个数字依降序排列，前一个数字比后一个数字多 5，七个数字都是如此，即所谓等差数列，那么只要记住第一个数字或者最后一个数字，其他数字就很容易推算出来了。

苏联教育家苏霍姆林斯基说："你对问题考虑得越深入，你的记忆就越牢固。没有理解之时，不要试图去记忆，这会浪费时间。"理解就是掌握事物内在的、本质的、必然的联系。背诵课文首先要理解课文的内容、用词及结构特点；识记历史年代、地名、地理位置等，也需要一定的理解再加上联想把识记对象同其他有关事物联系起来，掌握特点及其规律性。总之，先求理解，再求记忆，才能获得好的记忆效果。

2. 列表记忆法

学习记忆各种列表，是分析和联想的基本方法。这是一种很容易做的测验记忆力的方法，心理学家们多年来一贯这样做。用学习记忆列表测验记忆成绩，既可说明记忆技术的有效性，又是日常生活中的一项实用手段。人们把常容易弄错或忘记的物品写在一张纸上，以增强记忆，这是很适用的。在开始练习学习记忆列表以后，虽然感到越来越无此必要，但仍可继续使用这些纸片，把它们放在口袋里，作为一种保险措施或检查记忆效力的手段。要知道，过分依赖笔记和记事纸片，人们会忽略自己的记忆力，使其变得迟钝。为了记住列表，必须分析表上的不同物品，并进行必要的联想。当人们分析一件物品时，可从以下不同角度加以观察。

（1）类比法：强调两件物品的相似之处。类比法，即在两个或几个本来构造或实质不同的物品之间，通过想象找出其相似之处。例如："她使我想到我奶奶，因为她们都是慈祥的老人。"

（2）区别法：强调区别对比的几件物品，找出他们之间的不同之处。例如，看见月亮，就想起太阳。

（3）分类法：根据不同事物或不同观点的特征，分别归类。分类是组织思想的自然法，结成偶数是最简单的分类法。将橘子和苹果分为一类，把纸和笔分为另一类。

所有这些思想方式，都是互相补充的，人们可以将其组合起来，以改善记忆。肯尼其斯·希格比宣布，他使用分类技术提高了对列表物品的记忆能力，从记住一张列表的19%，提高到65%。无论什么样的分类和联想都可以使用，用比不用好。对记忆材料的组织程度，与对其回忆的有效程度，是成正比的。也就是说，记忆材料的组织程度越高，回忆的有效性就越大。

3. 串联记忆法

我们在日常的学习生活当中常常会有这样的体会，孤立地记一个字词、一个人物、年代、事件和物品往往难以记住，但把它和其他有关特别是有趣的事物串联起来就比较容易记。

举例而言：

有5样不相干的东西：椅子、床、窗户、烟、电话。如果一件件硬记，那是不容易的，但如果你把这5样东西有趣地串联在一起，你很容易地就能记住了。你可以想象，你正坐在窗前的一张椅子上，抽着烟，接着电话，不知不觉中，烟灰落在了身旁的床上，突然一阵大火熊熊燃起，你大惊失色，连救命都忘喊了……

总而言之，如识记人名时，把要识记的姓名同已经熟记的姓名串联在一起，或者把需要识记的姓名同其职业、外貌特征、初次见面地点串联起来，或者把要识记人名的字义相互串联起来，形成趣味性质的想象记忆，就会获得好的效果，收到事半功倍的效果。

增强大脑的思考能力

拿破仑·希尔认为，成功之路是以正确的思考方法为必然基础的。所以，要想走向成功，就必须培养并具备正确的思考方法。

然而，正确的思考方法不是天生就有的，它需要后天的训练和个人有意的培养。

1. 正确思考的十个步骤

（1）你想要做什么？翻开你的思考成功笔记，将你喜欢或你做得很好的事情列成一个清单。把什么事情都记下来——蠢事、新鲜事和你感兴趣的事。检视一下你的清单，并想想你要如何成功。让思想飞舞，写下你所有的想法，甚至看来好像疯狂或不切合实际的想法。酝酿了好多天的想法常常由于没有记下来而无法实现。

（2）跨进别人的创造天地，运用巧思来协助他人。找出他们特殊、非比寻常的能力，并助其开花结果。你可以替他们规划产品和开发市场。

（3）对新奇事物保持开阔的胸襟，然后进一步探究。这项新产品或意见会引发什么新想法？它的用途及前景如何？而我们可能要创造什么样的前景？

（4）抓住机会。最佳时机常常稍纵即逝，你应提高警觉！

例如，传真机的前景很看好，有什么新点子是你所能想到的，能够让传真机与市场有所结合？国外有家快餐店就想了一个好主意：他们让上班族将午餐订单传真到店里点餐。餐厅则利用传真机，将午餐菜单与特别餐菜单传真到当地企业的办公室里。现在这些功能也即将对家庭这个市场开放，你最好赶紧在传真世界击败你之前，找出能在家中运用传真机的方法，并快速占领这个用途的市场。

（5）别禁锢你的思考。当初，人们嘲笑莱特兄弟俩，笑他们认为人类终有一天可以在月球上漫步的想法，但如今却成事实。

你心中有什么想法？这些或许是不可能的、愚蠢的或好笑的，但把它们记下来，过段时间再拿出来看，说不定你会找到个"金矿"。

（6）找出别人的需求。有个化学家发现今日面临的最严重的问题是充斥了化学废料的环境。因此，她有了一个想法。经过进一步的研究后，她发现某些废弃物可用来再生，使其成为别的化学物品。于是她收集某公司的废弃物，来供另一家公司再使用，以此获得了巨大的财富。

除了化学物品之外，有许多东西在这家公司是废弃物，而对另一家却是可再使用的宝藏。填充物就是一个很好的例子——找一家要处理填充物的公司，再找一家要买这些填充物来包装他们产品的公司。说不定先前那家公司还要花钱来请你将这些废物弄走呢！

将这些可以满足他人需求的事情写下来！就你所熟悉的事物为主题来写部书，或是从你"喜欢做的事"的清单上挑选个主题。其他人或许可以从你的知识里获得好处，去满足一个需求——将你专业领域里的那道信息鸿沟填满。

（7）注意服务。许多旧式的服务已经消逝了，这个领域空了下来，而它正等待一个聪明的经营者来占领。不要只是想着提供新式的服务项目，而要将旧的、有必要的再找回来。你想要有什么样的服务项目？着手去做吧！

（8）永远要让付出大于获得，这是成功最大的秘诀。假如你是那种扬言收一分钱，便只做一份事的人，那你一辈子都是薪水的奴隶。

（9）助人者自助。在市场销售方面，依着这个原则，成就了很多国际知名的大型企业，同时有很多人借助其企业而赚钱。到了 2000 年以后，大多数商品是由市场网络卖出的。

（10）你还在等什么？马上行动吧！不要用一些"我没有足够的钱""我了解得不够""还没做好准备"等借口来拖延。一旦有想法，就顺着去做，只有这样才能收获报酬。

2. 多一份理性思考

（1）提出问题。"发现问题"是整个思维过程中最困难的一部分。要知道，在你提出问题之前，你不可能知道你要寻找的是什么解决方法，更不可能解决这个问题。

（2）分析情况。一旦你找出这个问题后，你就要从所处环境中发现尽可能多的线索。

在分析情况的过程中，你寻找的是具体的信息资料。你不要被一开始就找到问题的解决办法和答案所诱惑，而漏掉了别的办法。你应该强迫自己去寻找有关的信息资料，直到你觉得自己已仔细并准确地分析了这种情况之后，再作出判断。

分析情况过程中，以下是一些有帮助的基本问题：

在什么地方能找到解决这个问题的信息资料？

有谁能帮助解答这个问题？

在解答这个问题的过程中已经做了哪些工作？

这些资料对我们有帮助吗？

现在已有了哪些能帮助解答这个问题的有关资料？

（3）寻找可行的解决方法。一旦你找出了问题、分析了情况之后，你就可以开始寻找解决问题的办法。同样，你也要避免那些看起来似乎很好的答案。

在这一步骤中是很需要创造性的。除了那些一眼就看出似乎有道理的解决办法之外，你还要寻找其他的办法，尤其在采纳现成的方案时要特别留心。如果别人也探讨过同样的问题，而且其解决办法听起来也适合于你的情况时，就要仔细判断一下那种情况与你的情况究竟相同在何处。

注意，不要采用那些还没有在你这种情况下检验过的解决方法。

（4）科学验证。很多人到了上一步就停止了，这其实是不完整的，因而也是不科学的。

一旦解决办法找到了，你就要对其进行检验和证明，看看这些办法是否有效，是否能解决提出的问题。在检验之前你是不可能知道这些办法是否正确的。

在这个过程中，你所要做的就是寻找这种情况的原因，并加以解释，你要回答诸如"为什么""什么""怎么会"这类问题。

下面来看看理性思考的实例，边看边结合上面的思维程序进行练习，得出自己的结论。

一场大火席卷了大片的森林，一个护林员立即组织了一支有 27 人的消防队。他把这些人分成几个小组，迅速扑火，并给每个小组发了一个报话机。

他宣布："有一架直升机马上就会在这个地区上空徘徊，如果你遇到险情，就用报话机与这架飞机联系，他们就会把你们救出来。"然后，他对每个小组讲述了这台报话机的用法。

当大火终于扑灭后，有一个小组失踪了。通过努力寻找后，在一个山谷里找到了他们烧焦的尸体。

为了总结教训，必须要找到他们没有得救的答案。这就引出了一系列问题："为什么这些人没得救？他们是怎样遇难的？如何解决这个问题？怎样证明各种可能原因是正确的？最后怎样确定结论？"沿着这样几个步骤，一步步得出的结论才是最可能、最可靠的。这也是理性思考的威力所在。

多一份理性思考，有助于你发现事物本质，而非理性思考也很重要，但在生活中又往往被人们视而不见。下面列举 6 种非理性思考的误区，供反躬自省。

第一种：如果事情不照自己所期待的样子发展，那可就糟糕了。

第二种：每一个人绝对需要别人的喜爱与称赞。

第三种：人人都会依赖他人，并应该找一个更强的人去依赖。

第四种：逃避困难比面对困难要容易。

第五种：过去的经验是现在行为的决定因素，过去的影响是无法消除的。

第六种：对于不一定会发生的糟糕的事，也应给予重视。

3. 运用比较思考法

首先，尽量用积极、快乐的词来描述你的感觉。

当有人问你"今天怎么样"时，如果你回答"我很累或头痛、感觉不佳"等，实际上你是在使自己感觉更糟。反之，每次有人问你"你好吗"或者"今天怎么样"时，而你回答："好极了！"或者说"很好！"你将真的开始觉得好极了。从此，你就变成一位非常快乐的人，这将给你带来朋友。

其次，使用光明、快乐、好的字眼去描述他人，使它成为你的一个法则。

经常将好的、积极的语言送给你的朋友与伙伴。当你和一个人在谈论第三者时，多用好的字句去描述他。例如，"他是一个招人喜欢的家伙""他干得很好"，千万不要使用那些伤人的语句，否则，那第三者迟早会有所耳闻，结果，这样的语句反而会伤害你自己。

再次，使用积极的语言鼓励他人，抓住任何机会赞美他人。因为你周围的所有人都渴望赞美。

每天送给你妻子或丈夫一句动听的话，留心并赞美与你一起工作的人。赞美，带着诚意的赞美，是取得成功的一个重要工具。赞美的对象是多方面，它包括人们的外表、性格、品行、事业、成就以及家庭等。

最后，使用积极的语言向他人介绍你的计划。

当人们听到"好消息"，"我们碰上一个极好的机会……"时，他们的大脑也立刻会兴奋起来。但当他们听到某些事，如"不管我们喜欢不喜欢，总算找到了一个工作"时，他们会感到很枯燥、单调，丝毫也提不起精神来。当许下取胜的诺言时，你将看到人们的眼睛格外明亮，你也将赢得他们的支持。

开发丰富的想象力

高级复杂的形象思维是对头脑中的形象进行抽象概括，并形成新的形象的心理过程。科学家、艺术家常常借助丰富的想象力来形成新形象的创造，所以，我们要经常开展形象丰富生动的想象活动，充分发挥想象力。

倘若你能正确使用你的想象力，它将协助你把你的成功与失败、正确与错误变成宝贵的资产，也将引导你去发现只有使用想象的人才能知道的真理。即使生活中的最大逆境和不幸，往往也会给你带来幸运的机会，这就要你注意多训练自己的想象力。

就比如，几个人一同看天上的云，有人看到的只是一片云，有人看到了一只绵羊，有人则看到一个美女……

画家开始在画布上勾勒出这些图像来，作家在作品中描述着他们的感知，演员们则把对事物的感知表演了出来，商人们在梦想中看到了它们——所有这些都是创造性地想象出来的。

锡德·帕纳斯在他的书《优化你的大脑魔力》中提到了一个很不错的练习。他问他的读者们："如果我说 4 是 8 的一半，是吗？"人们回答说："是。"随后他说道："如果我说 0 是 8 的一半，是吗？"经过一段时间思考后，几乎所有的人都同意这一说法（虽然需要花点时间才能明白数字 8 是由两个 0 上下相叠而成的）。然后他又说："如果我说 3 是 8 的一半，是吗？"现在每个人都看到把 8 竖着分为两半，则是两个 3。然后他又说到 2、5、6、甚至 1 是 8 的一半。你自己试试。

这只是想告诉你每个字母和每个数字都可能具有上百万种形状、大小、颜色和材料！你能想象所有可能的方式吗？电脑让一切很明了：16 亿种颜色和所有的形状。

每个事物都可能成为其他所有的事物，你可能很吃惊。但在艺术家看来，每个事物都是其他所有的事物，艺术家的大脑被称为完美的想象性大脑更为合适。高度创造性的大脑是没有逾越不了的障碍的。自由想象是天才最好的朋友。天才的想象力就是在每个事物中看到其他所有的事物！这就是为什么天才能看到普通人看不到的实质。

想象力具有巨大的魔力，那么，我们该怎样开发想象力呢？

1. 松弛

把右手的食指轻轻地放在鼻翼右侧，产生一种正在舒服地洗温水澡的感觉，或仰面躺在碧野上凝视晴空的感觉，以此进行自我松弛。这有利于右脑机能的改善。

2. 回想

尽量形象地回想以往美好愉快的情景，这对促进大脑的储存记忆功能有积极效果。训练时间以 2~3 分钟为宜。

3. 想象

根据自己的心愿去想象所希望的未来前景。接着生动活泼地浮想通过哪些途径才能得以成功。开始闭眼做，习惯之后可睁眼做。以上 3 种方法应一日一次地坚持 3 个月左右。

4. 听古典音乐

听莫扎特的曲子，直接接触他的感情，会使直觉力变得敏锐。我国的"梁祝协奏曲""平湖秋月"等乐曲，最适合于镇定暴躁的心情和作为思考问题时的伴音。

5. 进行自由联想

将空中漂浮不定的朵朵白云，想象成各种形象，这能提高进行逻辑思维的左脑的功能，进而提高思维的集中能力。

捕捉头脑中的灵感之光

哲学家柏拉图曾指出，灵感是从天上掉下来的一种感觉，是人神沟通的媒介。真正的灵感是明智的，它引导我们走向成功，因为它揭示了潜意识中最本质的心灵趋向。

灵感，也称顿悟，它是人类创造性活动中一种复杂的心理现象和精神现象，具有瞬间突发性与偶然巧合性的特征。灵感是知识、信息等要素，经过大脑潜意识思维激活后，瞬间产生出目标所需的答案信息，并由潜意识向显意识闪电式飞跃的高能创新思维。

现实生活中，灵感思维与人的直觉是密不可分的，直觉是人的先天能力，往往可以成为创意的源泉。任何时候，人都会有预感，只是我们时常忽视它，或当作不理性的无用之物，不信任直觉而已。

许多人都懂得直觉对于创新思维的重要性，他们先处理一些明显无用的信息之后，面对有矛盾的地方，他们就凭直觉下结论。有些选择让人感到有点莫名其妙，其实这却正是创新能力经由直觉发挥作用的最佳时机。

直觉较为丰富的头脑具有以下特点：相信有超感应这回事；曾有过事前预测到将发生什么事的经验；所做成的事大都是凭感觉做的；碰到重大问题，内心会有强烈的触动；早在别人发现问题前就觉得有问题存在；也许有过心灵感应的事；曾梦到问题的解决办法；在大家都支持一个观念时，能够持反对意见而又找不到为什么如此；总是很幸运地做成看似不可能的事。

化学家固特异在实验室中同往常一样在努力做实验，不小心将实验用的橡胶掉到桌下备作它用的硫黄上。他遗憾地叹道："花了好大的劲，白搭了。"于是一边发牢骚，一边尽力消除粘在橡胶上的硫黄。但硫黄已渗入橡胶内部，很难除掉。这位直觉能力很强的科学家想"干脆扔掉算了"，但又觉得好不容易做出来的东西弃之可惜，就随手放到桌边。"今天算白干了!"沮丧的固特异想，并准备回家。然而，他无意中摸了一下放在桌边的橡胶，这一摸让他成了名，橡胶居然有了前所未有的优异弹性。他的直觉告诉他，这件事具有重大意义。于是他冷静了一下，用两手把橡胶拉长，橡胶的异常特性使他更为吃惊，即使用两手用力地拉，也拉不断，相比之下，以前的橡胶最多如同年糕，一用力拉就断裂。就这样，一种前所未有的具有优异弹性的橡胶发明出来了。

直觉与灵感对创新思维如此重要，那么我们就该问到底如何把握灵感呢?首先我们应该清楚什么时候灵感最容易出现，其次应掌握激发灵感的方法。

科学研究表明，人脑每分钟可接受6 000万个信息，其中2 400万个来自视觉，300万个来自触觉，600万个来自听、嗅、味觉。许多科学家都有这样的体会，在夜晚睡前或刚醒的时候灵感最容易光顾。因为在浓重的夜色中，闭目而思，几乎可以完全避免来自视觉的信息对大脑思维活动的干扰刺激，静卧于床上还能将触觉信息对思维的干扰降低到最低限度。所有这些都十分有利于最大限度地发挥大脑思维潜力，使人易于突破对问题的思考。如果再加上偶然和特殊因素激发，还有可能使大脑潜力超常发挥，"灵感"就这样爆发了。而且，人躺着时，由于大脑供血状况明显地得到了改善，这为大脑活动提供了最佳的营养保证。一觉醒来，大脑在得到一段时间的休息后，又将进入精力充沛的状态，这些也为灵感火花在夜间爆发创造了有利的条件。脑专家们还通过对脑电图的研究发现，绝大多数脑细胞的活动在夜间易处于同步状况，这也为最大限度地发挥大脑潜能提供了难得的条件。

知道了灵感最容易在夜间出现，我们再来看看如何激发灵感。

有的思维学者指出，撰写故事可以用来激发新的灵感，通过撰写与问题多多少少有点关联的简洁故事，可以激发创造一些新的想法。然后，对这些想法进行研究分析，并以此来创造解决问题的办法。

运用这一方法激发灵感的具体步骤为:

第一，以问题为根据来编造一个故事。故事的长度应限制在1 000字左右。在编撰故事的时候，应尽量避免直接把问题编入故事，而应使故事尽可能充满想象的色彩。

第二，细致地考察故事情节，并把主要的原则、行动、性格、事件、主题、表达及物质等列出来。

第三，以这些材料为基础，创造解决问题的办法。你也可以把故事写在一张椭圆形表内，让小组成员每人依次添加一个句子。另外一种可能的方式是让一个人独立编撰一个故事，然后让其本人对故事从头至尾加以解释说明。这个过程也可以以组为单位来完成。

这种方法能够激发丰富的思想源泉。在绝大多数情况下，由于这些刺激是一些十足的无关信息，所以最易激发出独特的想法。

还有的思维学者极力推崇运用由日本人发明的"荷花盛开法"来激发头脑中的灵感。它以"核心思想"开头，该思想是观念拓展的基础。由此扩展开去，就会获得一系列环绕其周围的思想之窗或思想的花瓣。在中央，核心观念被八扇窗户包围起来。而每一种核心思想都起着灵感激发器的作用，由它来激发次级的八个核心思想。每扇窗户又将成为其他一组八扇窗户的核心。

可以假设核心思想是在组织中存在着什么样的成员配置问题，通过诱发头脑中的想法，围绕这一核心思想的八个花瓣或八扇窗户为：

（1）更多的秘书支持。

（2）额外的管理受训员。

（3）在中层管理部门从外输入新鲜血液。

（4）由于高比例的补缺人员而使销售人员不断流动起来。

（5）车间的学徒。

（6）熟练的外贸技术员工。

（7）清洁与帮厨的临时工。

（8）为残疾工人提供更多的机会。

剩下来的事就是围绕着每个问题又能产生八种新的观念，如此连续进行下去，最终会在灵感的引导下发现意想不到的好点子。

发掘开拓创新能力

我们知道，创新能力是人的能力中最重要、最宝贵、层次最高的一种能力。它包含着多方面的因素，其核心因素是创新思维能力。爱因斯坦曾说："人是靠大脑解决一切问题的。"头脑中的创新思维是人们进行创新活动的基础和前提，一切需要创新的活动都离不开思考，离不开创新思维。

曾经有一位专家设计过这样一个游戏：

十几个学员平均分为两队，要把放在地上的两串钥匙捡起来，从队首传到队尾。规则是必须按照顺序，并使钥匙接触到每个人的手。

比赛开始并计时。两队的第一反应都是按专家做过的示范：捡起一串，传递完毕，再传另一串，结果都用了15秒左右。

专家提示道："再想想，时间还可以再缩短。"

其中一队似乎"悟"到了，把两串钥匙拴在一起同时传，这次只用5秒。

专家说："时间还可以再减半，你们再好好想想！"

"怎么可能?!"学员们面面相觑，左右四顾，不太相信。

这时，场外突然有一个声音提醒道："只是要求按顺序从手上经过，不一定非得传啊！"

另一队恍然大悟，他们完全抛开了传递方式，每个人都伸出一只手扣成圆桶状，摞在一起，形成一个通道，让钥匙像自由落体一样从上落下来，既按照了顺序，同时也接触了每个人的手，所花时间仅仅是0.5秒！

美国心理学家邓克尔通过研究发现，人们的心理活动常常会受到一种所谓"心理固着效果"的束缚，即容易只把已存在的看成是合理的、可行的，因而在看待某些事物，思考某种问题时，很容易沿着原有的旧思路延伸，受到传统模式的严重羁绊而无法突破创新。

创新就是看到别人所未看到的，想到别人还未想到的，站在上升、前进和发展的立场上，破除思想僵化、墨守成规、安于现状的思维老路，突破思维的定式，提出新问题、解决新问题，促进旧事物的灭亡、新事物的成长和壮大，实现事物的发展。

缺乏创新思维往往是由于自我设限造成的，随着时间的推移，我们所看到的、听到的、感受到的、亲身经历的各种现象和事件，一个个都进入到我们的头脑中而构成了思维模式。这种模式一方面指引我们快速而有效地应对处理日常生活中的各种小问题，然而另一方面，它却无法摆脱时间和空间所造成的局限性，让人难以走出那无形的边框而始终在这个模式的范围内打转转。

要想培养创新思维，必先打破这种"心理固着效果"，勇敢地冲破传统的看事物想问题的模式，从全新的思路来考察和分析所面对的问题，进而才有可能产生大的突破。

要善于独立思考

独立的思考能力是现代创造性活动的基本要求。具体地说，独立的思考能力是针对具体问题进行深入分析从而提出自己的独创见解的能力，它也是一种运用已经掌握的理论知识和已经积累的经验教训，独立地、创造性地分析和解决实际问题的综合能力。

我们在创造性活动中，要善于根据实际情况进行独立的分析和思考，对问题的认识和解决有独创见解，不受他人暗示的影响，不依赖于他人的结论，努力防止思想的依赖性。

有一个小学三年级的学生一次随他爸爸去宾馆，迎面看见墙上并排排着七座大钟，分别显示世界各地当时的准确时间。可为什么要挂那么多钟？不能仅用一只钟来表示各地的时间吗？他坚持认为挂钟多，既占地方又费钱。他年纪虽小，但善于独立思考，经过多次试验，发明出"新式世界钟"，这种钟可代替那七种钟的功能，被评为全国青少年发明创新一等奖。

一位智者强调，要培养你的创造性思维，一定要培养自己的独立思考、刻苦钻研的良好习惯，千万不要人云亦云，读死书，死读书。

人性中普遍存在着两个相反的特质，这两个特质都是积极思考的绊脚石。

轻信（不凭证据或只凭很少的证据就相信）是人类的一大缺点，独立思考者的脑子里永远有一个问号，你必须质疑企图影响正确思考的每一个人和每一件事。

这并不是缺乏信心的表现。事实上，它是尊重造物主的最佳表现，因为你已了解到你的思想，是从造物主那儿得到唯一可由你完全控制的东西，而你应该珍惜这份福气。

如果你是一位独立的思考者，则你就是你思维的主人而非奴隶。你不应给予任何人控制你思想的机会，你必须拒绝错误的倾向。

一般人开始时，会拒绝某一项正确的观念，但后来因为受到家人、朋友或同事的影响而改变初衷，进而接受此观念。

一般人往往会接受那些一再出现在脑海中的观念——无论它是好的或是坏的，是正确的或是错误的。

人类另一项共同的弱点，就是不相信他们不了解的事物。

当莱特兄弟宣布他们发明了一种会飞的机器，并且邀请记者亲自来观看时，没有人接受他们的邀请。当马可尼宣布他发明了一种不需要电线，就可传递信息的方法时，他的亲戚甚至把他送到精神病医院去检查，他们还以为他失去了理智呢！

在没有弄清楚之前，就采取鄙视的态度，只会限制你的机会、信心、热忱以及创造力。不要把不相信未经证实的事情和认为任何新的事物都是不可能的两种态度混为一谈。独立思考的目的，在于帮助你了解新观念或不寻常的事情，而不是阻止你去研究它们。

打破并挣脱"想当然"的思想羁绊，才能让创新思维发展起来。人们囿于一定的社会环境或生活习惯的时候，就会产生思维的惰性和惯性。这种习性一方面极易满足，另一方面是安于现状、不思变革，并且会不自觉地充当旧价值观念的卫道士。要想获得成功，就要用创造性的思维挣脱"想当然"的羁绊。

古今中外，有不少杰出人士因为挣脱"想当然"的羁绊而获得成功。

我们从小就知道这样一个故事：从前一个年轻的英国人在他家的农场里度假休息，他仰卧在一棵苹果树下思考问题，这时，一只苹果落到了地上。

对常人习以为常的现象，他却陷入了深思："苹果为什么会落到地上呢？地球会吸引苹果吗？苹果会吸引地球吗？它们会互相吸引吗？这里面包含着什么样的原理呢？"

这位年轻人就是牛顿。他用"不想当然"的创造性思维，获得了一项极为重要的发现——万有引力定律。

我们如何培养自己的创造性思维来挣脱那些"想当然"呢？

如果注意观察研究，就可以看到我们周围有两种类型的人。一种人不加分析地接受现有的知识观念，思想僵化、墨守成规、安于现状。这种人既无生活热情，更无创新意识。另一种人思想活跃，不受陈旧的传统观念的束缚，注意观察研究新事物。这种人不满足于现状，常常给自己提出疑难问题，勤于思考，积极探索，敢于创新。我们应该学习后一种人，培养和锻炼创造性思维的能力。

保持思维的灵活性，挣脱"想当然"的羁绊，善于并敢于创造一切。灵活机动的思维能力能促使人们产生一种强大的好奇心，遇事善于追根问底，注意从社会的海洋中积累各种各样的经验，用以充实和丰富自己的头脑，为自己进行创造性思维储存素材。

一个人具有灵活机动的思维能力，能够挣脱"想当然"的束缚，还能促使其不断强化自己的想象力、联想力以及思维转向力，善于从不完善的事物中提出创见，也就善于从完善的事物中发现问题。

不畏风险，敢于求异，这是创造性思维活动的又一重要特点。

创造意味着创新，而不是过去的再现。因此，创造性思维就不可能有成功的经验可借鉴，不可能有有效的方法可套用，而是沿着没有前人思维痕迹的路线去探索。当把这种带有创造性思维活动付诸实践时，就不可避免地要遇到各种险阻与磨难。

打破常规，要敢于尝试

在日常生活中，有些人习惯于遵循老传统，恪守老经验，宁愿平平淡淡做事，安安稳稳生活，日复一日、年复一年地从事别人为他们安排的重复性劳动。

这些人思想守旧，心不敢乱想，脚不敢乱走，手不敢乱做，凡事小心翼翼，中规中矩，虽然办事稳妥，但也不会有创造力，不会有太大出息。

一次，一艘远洋海轮不幸触礁，沉没在汪洋大海里。船上的9位船员拼死登上一座孤岛，才得以暂时幸存下来。

但接下来的情形更加糟糕。岛上除了石头，还是石头，没有任何可以用来充饥的东西。更为要命的是，在烈日的暴晒下，每个人口渴得冒烟，水成了最珍贵的东西。

尽管四周是水——海水，可谁都知道，海水又苦又涩又咸，根本不能饮用。现在9个人唯一的生存希望是老天爷下雨或过往船只发现他们。

等啊等，没有任何下雨的迹象，天际除了海水还是一望无边的海水，没有任何船只经过这个死一般寂静的岛。渐渐地，他们支撑不下去了。

8名船员相继渴死。当最后一名船员快要渴死的时候，他实在忍受不住跳进了海水里，"咕嘟咕嘟"地喝了一肚子海水。船员喝完海水，一点儿也觉不出海水的苦涩味，相反觉得这海水非常甘甜，非常解渴。他想：也许这是自己渴死前的幻觉吧，便静静地躺在岛上，等着死神的降临。

他睡了一觉，醒来后发现自己还活着，感到非常奇怪，于是他每天靠喝海水度日，终于等来了过往的船只。

后来人们化验岛上的海水发现，由于有地下泉水的不断翻涌，所以，这儿的海水实际上是可口的泉水。

谁都知道"海水是咸的"，"根本不能饮用"，这是基本的常识，因此8名船员被渴死了。追根究底，是环境、经验害死了他们。而第9名船员在求救无望的生死之际，颠覆了老经验，才找到一丝生存的希望。

与恪守老经验的人不同，具有创造性思维的人长了一身的"反骨"，别人拿苹果直着切，他偏偏横着切，看看究竟有什么不同；别人说"不听老人言，吃亏在眼前"，他偏不听，偏要自己闯闯看。具有创造性思维的人不愿死守传统，不愿盲从他人，凡事喜欢自己动脑筋，喜欢有自己的独立见解。他们思想开放，不拘小节，兴趣很多，好奇心重，喜欢标新立异，最爱别出心裁。因此，具有创造性思维的人脑瓜活，办法多，最能创造出好成绩。

在当今信息瞬息万变的时代，经验不能代表一切，恪守经验也不等于永远正确，更不能发挥创新思维。所以，青少年应该利用好经验，而不是受它的束缚。

谁也不能揪着自己的头发离开地面，唯有一种突破常规的超越力量，唯有基于解放思想束缚后所产生的巨大能量释放，才能有柳暗花明的惊喜和峰回路转的开阔。

　　培养创新思维，首先就要做好思想上的准备——敢于超越常规，超越传统，不被任何条条框框所束缚，不被任何经验习惯所制约。只有这样，才能产生更宽广的思绪与触觉。

第四章 意志力提升情商水平

在迈向成功的征途中，荆棘有时比玫瑰花的刺还要多。它们挡在你面前，正是考验你究竟意志是否坚定，力量是否雄厚。这时你应当坚信，任何障碍，只要你不气馁、不灰心，终究有法子排除，而且，成功也会尾随而至。

意志力决定情商水平

1990 年，一个心理学概念的提出在世界范围内掀起了一场人类智能的革命，并引起了人们旷日持久的讨论，这就是美国心理学家彼得·塞拉维和约翰·梅耶提出的情商概念。紧跟其后，1995 年 10 月，美国《纽约时报》的专栏作家丹尼尔·戈尔曼出版了《情感智商》一书，把情感智商（情商是 Emotional Quotient 的缩写，翻译过来就是情绪智慧）这一研究成果介绍给大众，该书也迅速成为世界范围内的畅销书。随着人类对自身能力认识的深入，越来越多的人认识到在激烈的现代竞争中，情商的高低已经成了人生成败的关键。作为情商知识的受益者，美国总统布什说："你能调动情绪，就能调动一切！"

那么情商究竟是什么？

我们已经知道，人在接触外界事物的过程中，不仅形成了对客观事物的各种认识，还表现出种种不同态度，如愉悦、快乐、伤悲、痛苦等，这些人对客观事物的态度体验就是情感。

人的情感是复杂多变的。人能不能进行自我控制，也就是说，人能不能做自己情感的主人呢？这就是意志对情感发展的功能问题，或者说，意志对情商有怎样的影响？要回答这个问题，我们不妨从情感的三种基本形态——心境、激情、应激说起。

心境是一种常见状态，又叫心情，它是一种在一段时间内具有持续性、扩散性，而又不易觉察的情绪状态。

心境对人的精神状态影响很大，因而对人的生活、工作、学习有直接而明显的影响。人们处在某种心情时，这种心情会扩散到活动的过程中，往往使其以同样的情绪状态看待一切事物。

人的心情好时，会有万事皆如意的感觉。当人在情绪不好亦即心境不好时，干什么都提不起精神。

不同的心境受外界影响，也可以由自己身体的自我感觉（如健康状况）引起。稳定的心境与人的个性特征有关。乐观洒脱的人心境愉快的时候多，悲观狭隘的人心境抑郁的时候多。

引起不同心境的原因，不是每个人都能意识到的。经常听到有人说，"最近比较烦，比较烦，总觉得日子过得有一点无奈"，当意识到自己的心境不好时，就应当设法改变这种情绪状态了。

除了一些飘忽不定、影响时间较短的心境外，每个人还有各自独特的稳定心境。

稳定的心境由一个人占主导地位的情感体验决定。有的人总是乐观开朗、喜笑颜开，这种人愉快的心境占主导地位；有的人总是愁眉苦脸，郁郁寡欢，这种人忧伤的心境占了主导地位。

健康的身体、积极向上的生活态度、和谐的人际关系等，都是形成积极性稳定心境的必要条件。

形成心境的原因，固然在于外界的重大刺激、个人的生活状况，但最重要的还是一个人的生活目的和理想。远大的生活理想和正确的生活态度，所造成的心境最稳定，持续的时间最久，影响的范围最大，可以压倒其他一切心境。所以，树立坚定而远大的理想抱负，培养良好的意志品质和乐观主义精神，是调控心境并发挥心境积极作用的根本途径。其中，意志的作用也是非常明显的。

激情，是指在较短时间内，来势较猛、整个身心都处在激动中的情绪状态。如恐惧、绝望、狂喜、盛怒等，都是人处于激情中的具体表现。

人处于激情状态时，皮层下神经中枢失去了大脑皮层的调节作用，皮层下中枢的活动占了优势。人的自我控制能力减弱，会发生"意识狭窄"现象，下意识地做出与平常行为很不相同的举动。但是，人在激情状态下，并非完全意识不到或不能控制自己。在相当大的程度上，激情也是可以控制的，比如，当愤怒还未冲破理智时，及时加以调节，在很大程度上可以避免激情出现。

积极的激情，可以调动起身心的巨大潜力，对工作和生活产生积极的作用。

比如说音乐指挥家以狂放的激情指挥出大气磅礴的交响乐来。消极的激情则会使人冲动、呆滞和失去理智，盛怒就是一种消极的激情。消极的激情使人表情难看，容易使人失去理智，在愤怒的驱使下，甚至连说话都语无伦次，常出现类似的消极激情，对人的身心有巨大的影响。

怎样避免激情的消极作用呢？首先，利用认识对情感的导向作用，尽量用正面的目的倾向去压倒反面的目的倾向。其次，在正确目的确定之前，如果遇到将要引起激情的事物，可以先想点别的或干点别的来推迟激情的爆发，这样可以留出时间来让正确活动目的占据主导地位。林则徐在自己房里写上"制怒"两个字，就是这个道理；俄国著名作家屠格涅夫劝人吵嘴前必须把舌尖在嘴里转十圈。可见，激情虽然是一种暴风骤雨般的情感过程，但它是可以控制的。一个有正确目的、有崇高理想、有顽强毅力、有修养的人，不会为激情所左右。很明显，这个控制过程靠的就是意志的力量。

应激是人在遇到出乎意料的紧张情况时，出现的高度紧张的情绪状态。比如亲人死亡、意外事故、患上不治之症等，都可能引起应激状态。

应激状态下，神经内分泌系统紧急调节并动员内脏器官、肌肉骨骼系统，加强生理、生化过程，促进有机能量的释放，提高机体的活动效率和适应能力。但过度的或长期的应激状态，可能导致过多的能量消耗，引起某些疾病，甚至会死亡。

适当的应激状态，可以使人"灵机一动，计上心头"。但在应激状态下，除了意识活动的某些方面受到抑制之外，还可能出现知觉、记忆等方面的错误，对出乎意料的刺激产生的强烈反应，会使人的注意和知觉范围缩小。

美国纽约大学的神经系统学者勒杜，对这种现象从生理上做出了解释。他发现了大脑中的一种短路，这种短路使情感在智力还没有介入之前，就驱使人做出行动。

一个人在黑夜里行走，他眼角的余光突然发现了一条白晃晃在飘的东西，他的后背蓦地窜出一串冷汗，下意识地浑身一抖。

但他仔细察看这个东西后，紧张的心情释然了，原来什么也没有，只是错觉而已。于是他调整了最初的反应。这最初的反应，就是大脑的情感反应与智力反应的"短路"。

在应激状态下，出现大脑中情感与智力的"短路"是正常的、可以理解的。然而，有些人稍遇情绪波动，就产生这种"短路"，产生感情冲动，以感情代替理智、以感情冲击理智。这类人很难调节自己的情绪。

高度的思想认知、强烈的责任感、坚强的意志、丰富的经验和有意识的训练，在应激状态下，可以不同程度地减少不理智行为的出现。

总之，无论是激情，是心境，还是热情，所有的情感活动都是可以调控的，都受意志的调节。就是说，这些情感是在意志的作用下而得以调控的。只有意志坚强的人，才会形成各种积极的情感。消极的情感是否对人起干扰作用，也取决于一个人的意志力水平：意志坚强的人可以调控消极情绪，把意志行动坚持到底；意志薄弱者则往往被这些消极情绪所左右，使行动半途而废。我们常说："驾驭自己的情感，做自己情感的主人。"靠什么力量才能做自己情感的主人？靠的就是意志力。这就是意志在情感发展中的功能。

至此，我们已经看到，在很大程度上，人的意志不仅决定着智商水平，而且决定着情商的水平。因此，意志在人的整个心理素质结构中，具有主导性的地位和功能，是人生走向成功的最重要动力。我们每一个渴望成功的人，都应该最大限度地发挥意志力量的作用。

营造积极心境

只有积极的情绪才能让人更好地发挥自己的才能。

1. 自信的心境

什么是自信心？自信心就是相信目标一定能达成的一种心理状态。我们在工作或生活当中，总要越过险峻的高山，渡过茫茫的大海。因而自信心就是登山的云梯，渡水的飞舟。人，只有自信，才能自强不息，才能为自己的目标而努力奋斗；只有自信，才能在艰辛的工作中保持必胜的信念，才能有勇气前进。人，如果缺乏自信心，就会放弃自己的目标，就会碌碌无为。人，如果缺乏保证完成任务的自信心，通向成功之路的航船就会在沙滩上搁浅，终生也托不起成功的巨轮。在现实当中，自信心是大力之神，它能使弱者变强，使强者变得更强。

自信心是抓住机会的重要素质。同样的机会，有自信心的人可以抓牢机会，驾驭机会，获得成功，没有自信心的人只能望洋兴叹，自愧弗如。凡是有自信心的人，都可表现为一种强烈的自我意识。这种自我意识使我们充满了激情、意志和战斗力，没有什么困难可以压倒我们，我们的信条就是：我要赢！

具有坚强的意志和足够的自信往往使得平凡的人也能够成就神奇的事业，成就那些虽然天分高、能力强却疑虑过多的人所不敢尝试的事业。

有人说："如果我们将自我比作泥块，那我们将真的成为被人践踏的泥块。"

71

一个志在成功的人必须时刻提醒自己："天生我材必有用。"必有伟大的目标或意志寄于我的生命中；万一我不能充分表现我的生命于至善的境地、至高的程度，对于世界将会是一个损失——这种意识，一定可以使我们产生出巨大的力量和勇气来。

培养自信也有法可循，下面几个方法可供大家参考：

（1）真实肯定自己。不断地发现自己的优点并加以肯定，有助于自信心的形成和培养。

这样做的好处是可以产生信心。

孩子特别希望得到父母对他们的价值的赞同与肯定，一旦他们的价值得到了赞同与肯定，孩子就变得越来越有自信，他们会越来越喜欢自己。小孩是这样，大人更是如此。

如何肯定自我？

自信，并非意味着不费吹灰之力就能获得成功，而是说战略上要藐视困难，战术上要重视困难，要从大处着眼、小处动手，脚踏实地、锲而不舍地奋斗拼搏，扎扎实实地做好每一件事，战胜每一个困难，从一次次胜利和成功的喜悦中肯定自己。

（2）欣赏自己。将自己的每一条优点都列出来，以赞赏的眼光去看它，经常看，最好背下来。通过集中注意于自己的优点，你将在心里树立信心：你是一个有价值、有能力的人，你绝不比他人差。无论什么时候，只要你做对一件事，就要提醒自己记住这一点，甚至为此酬谢自己。

（3）多做少想。自信的人，做的时间多于想；自卑的人，想的时间多于做。这可是一句名言，意味着缺乏自信的人老把时间浪费在胡思乱想中，这不仅无法达成任务，反而会因为胡思乱想而打乱心中的一池春水。

（4）原谅自己的不足。要把人生视作一只变形虫，奉行"尝尝错误"哲学。错误是正常的，谁都有资格在人生中跌跌撞撞，不必因而憎恨自己。

（5）强调暗示作用。它是一种被主观意愿肯定了的假设，不一定有根据，但由于主观上已肯定了它们的存在，心理上便竭力趋向这项内容。

"我心如我愿。"通过自我暗示和自我肯定就可以逐步达到自我的实现与超越，正如拿破仑·希尔所说："你相信自己可以，你就可以！"心理学家认为，自我暗示是建立自信最直接最有效的方法之一。

针对自己的不足，你没有必要忧心忡忡，你要暗示自己：在这个世界上自己永远是独一无二的；尽管你还不是很优秀但你的确是与众不同；你是谁都无法取代的，在这个世界别人打不倒你，唯一能够打倒你的人只有一个——那就是你自己！

（6）客观全面地看待事物。如果我们努力提高自己透过现象抓住本质的能力，客观地分析对自己有利和不利的因素，尤其要看到自己的长处和潜力，正确对待自身缺点，把压力变动力，而不是妄自菲薄，那么，自信就会与我们越走越近，事情解决的结果也就会远比我们想象的要好得多。

2. 乐观的心境

有一个几乎不争的事实，成功人士与失败者之间的差别就在于，成功人士始终用最积极的思考、最乐观的精神和最辉煌的经验支配和控制自己的人生，而失败者则首先被自己的情绪打倒了。

乐观的心态就是指面临挫折仍坚信情势必会好转。从情商的角度来看，乐观是一种很好的情绪控制力。乐观也和自信一样使人生的旅途更顺畅。

（1）假设认定。在人生奋斗的过程中，有时，我们不妨运用假设与认定来激发自己的自信，想象自己成功后的喜悦与满足。

成功的人先想象然后看到事实，而不成功的人即使看到事实也不相信，看来，成功与不成功的背后的确相差很大。

（2）尽情享受自己。要培养出娱乐的“习惯”，应每天尽量享受一点自己的乐趣，而不必仅仅等到周末。享受通过视觉、听觉、触觉和味觉等感官生发出的简单的乐趣，把最单调枯燥的日常行为也变为小小的快乐源泉。每一天的享受只能极小地增添一份美好的自我情感。但是，这些细碎的感觉一天天增加，很快就能垒起自信的高山。

（3）建立坚毅的内在价值观。衡量一下你心中的价值取向，什么是你认为真实、美好、永恒，从而值得追求的。记下自己的价值观、了解你的信仰并且自问为什么选择此种价值观，选择此种信仰，这是对生命的深层次的思考。一旦你最终说服了自己，决定毕生为某种价值和信仰奋斗，你就确立了生生不息的行动力，确立了日久弥坚的自信心，你就能以自信心说服别人，说服自己；就能在五彩缤纷的世界里始终伴有对成功目标的坚定信念，并一步步走向成功。

（4）以宏观思考生命。在生活中退一步，让自己放松一下，散散步，游会儿泳，在阳光下念首诗，在深夜起床去看流星的陨落，闭上眼去感受风轻拂你的脸庞，你会发现，世界，远不只是工作、时间、金钱、朋友。你会发现，生命，原来有许多你未曾体验过的和谐和伟大。而你，不过是这世界种种生灵中的一个，而你的体验、你的生活，是如此的独特并充满着美，没有人能像你一样享受你的世界中的美，没有人有你的声音、气息——你是独一无二的。这世界因有你而多一分色彩，你本身就是造物主的一个奇迹，不要低估自己，不要忽略你的潜能，只要你付出，这世界会为你而改变。

3. 热忱开朗的心境

所谓做人要热忱，其实就是指一个人应具有一种历久不渝的爱。也就是说一个人在生活中首先要爱自己、确认自己，并且将这份爱推己及人。一个充满热忱的人，不论年纪大小，都保持着一种青春的活力，而这种青春的活力可以使你在情况艰难、摇摇欲坠的时候坚持下去，渡过难关。著名哲学家爱默生曾说过这样一句话："没有热忱，就不能成大事。"一个人最让人无法抵御的魅力，就在于他满腔的热忱。

如果你总是没有热情，那么你可能会不时地受到怯懦、自卑或恐惧的袭击，甚至被这些不正常的心理所击倒。所以，增强我们的热情是必须的。

那么，怎样才能增强热忱呢？下面的一些建议供大家参考：

（1）深入了解每个问题。想要对什么事热心，先要学习更多你目前尚不热心的事。了解越深入，越容易培养兴趣。

（2）做事要充满真诚的感情。一旦当你说话做事渗入真诚的情感，那么你已经有引人注意的良好能力了。

（3）要传播好消息。好消息除了引人注意之外，还可以引起别人的好感，引起大家的热心与干劲。

（4）培养"你很重要"的态度。任何人都有成为重要人物的愿望，只要满足别人的这项心愿，使他们觉得重要，那么他们就会尽全力地去工作。

（5）强迫自己采取热忱的行动。深入发掘你的工作，研究它，学习它，和它生活在一起，尽量搜集有关它的资料。这样做下去就会不知不觉使你变得更为热忱。

（6）不可以把热忱和大声讲话或呼叫混在一起。如果你内心里充满热忱，那么，你就会兴奋，这时，你的眼睛、你的面孔、你的灵魂以及你整个为人的表现，都会让你的精神振奋，从而去感染别人。

（7）广泛结交朋友，尤其应多接触那些心胸开阔、性格开朗的人。通过积极主动的交往活动，不仅可获得归属需要的满足，而且还可以通过潜移默化的作用，逐渐形成开朗、幽默、直爽的外向型性格特征。

（8）善于改变自己的处世态度和行为方式，不要不知不觉中塑造一种孤芳自赏、自命清高的傲慢形象。态度应平易近人，重视别人，主动交往，并培养广泛的兴趣爱好，懂得与别人分享。

调控消极的情绪

消极情绪影响我们的行动力。下面就介绍几种调控消极情绪的行之有效的方法。

1. 忧虑

忧虑是一种过度忧愁和伤感的情绪体验。正常人有时也会有忧虑的时候，但如果毫无原因地忧虑，或虽有原因，却不能自制因而显得心事重重、愁眉苦脸，那就属心理性忧虑了。

忧虑在情绪上表现出强烈而持久的悲伤，觉得心情压抑和苦闷，并伴随着焦虑、烦躁及易激怒等反应。在认识上表现出负性的自我评价，感到自己没有价值，生活没有意义，对未来充满悲观；还表现在对各种事物缺乏兴趣，依赖性增强，活动水平下降，回避与他人交往，并伴有自卑感，严重者还会产生自杀想法。

有科学家对人的忧虑进行了科学的量化、统计、分析，结果发现，几乎百分之百的忧虑是毫无必要的。统计发现，40%的忧虑是关于未来的事情，30%的忧虑是关于过去的事情，22%的忧虑来自微不足道的小事，4%的忧虑来自我们改变不了的事实，剩下4%的忧虑来自那些我们正在做着的事情。

快乐是自找的，烦恼也是自找的。如果你不给自己寻烦恼，别人永远也不可能给你烦恼。所以，每当你忧心忡忡的时候，每当你唉声叹气的时候，不妨把你的烦恼写下来，然后在科学家的分析中为自己的烦恼归个类：它是属于40%的未来，30%的过去，22%的小事情，4%的无法改变的事实，还是剩下的那一个4%？

为了甩掉忧虑这个包袱，我们不妨试着让自己忙起来，这样一来，既可令自己无时间去自寻烦恼，又能让自己的工作更出色，这是多么可喜的事啊。

2. 痛苦

生活中不可能事事顺心。"人世难逢开口笑，不如意事常八九。"可见，作为自然的生理反应，忧愁在所难免，它是人们身上一道难言的痛。但人切不可把眼睛盯在伤口上不放，自怨自艾地沉溺于其中，而应尽快调整心态和情绪，采取积极的行动来改变已遭破坏的生活。

人生是有限的，但人们在有限的人生里究竟把多少时间用在了现在，用在了明明白白的眼下之所为？在时间的长河里，昨天已经去了，明天还没有来，只有今天属于自己，属于已经兑现了的"现在"。但很多时候，人们却把时间用在了思前想后上，用在了沉湎旧事、旧情、旧物上，用在了对往事中某些失误的悔恨上，或者用在了对以后岁月的空想上，而这一切都是没有效益的，都是对时间的浪费。为已经过去了的事情而忏悔、愁闷、叹息，实在是毫无价值的，这样做不但浪费了你的时间，浪费了你的情感，也浪费你的精力，浪费了你宝贵的一切。

英国作家萨克雷有句名言："生活是一面镜子，你对它笑，它就对你笑；你对它哭，它也对你哭。"确实，不管你生活中有哪些不幸和挫折，你都应以欢悦的态度，微笑着对待生活。下面介绍几条原则，只要你反复地认真试行，就可能会减轻或者消除你的烦恼。

（1）臆想更不幸的事情。痛苦中的人也必须想到，自己目前的处境其实是不幸之中的万幸。如果更大的灾难落在自己头上，到时候自己不是仍要生存下去吗？现在的损失和打击比起那种最惨的结局要好得多，自己又有什么理由不振作起来呢？

（2）充实受折磨的心灵。痛苦中的人不可过分悲伤而不能自拔，而应该在情绪的过渡阶段找些自己感兴趣的事，使自己潜心其中，自寻其乐，从而使自己因折磨变得脆弱、空虚的心渐渐地充实起来。

（3）遥想更美好的未来。英国的赫胥黎在《进化论与伦理学》中认为："没有一个聪明的人会否定痛苦与忧愁的锻炼价值。"成败寻常事，得失何足奇！痛苦中的人要勇于接受厄运赐给的"锻炼"，对昨天要超脱，对今天要把握，对明天要执着。要相信自己，只要振奋精神、坚定信念、努力奋斗，人生就一定能走出低谷，重攀高峰。

3. 愤怒

愤怒，是一个人因对客观事物不满而产生的一种情绪反应，一般都是由外在的强烈刺激所引起的，但又受到人自身多种因素的影响。

愤怒是一种很难控制的情绪，正因为难以控制，所以很容易酿成大祸，甚至丢掉性命。正如培根所说："愤怒，就像地雷，碰到任何东西都一同毁灭。"还是让我们以平和的心境来对待生活中繁杂的事情吧。小心别伤害了自己，只有平静才是生活的真谛。莎士比亚说："不要因为您的敌人燃起一把火，您就把自己烧死。"当你的感情掌握了理智时，你将成为感情的奴隶；只有当你战胜自己的感情时，才证明你是主宰命运的人。唯此，你才能真正获得自由。

如果你不注意培养自己忍耐、心平气和的性情，培养交往中必需的情商，遇到一丝火星就暴跳如雷，情绪失控，就会把你的人缘全都炸掉。

1936 年 9 月 7 日，世界台球冠军争夺赛在纽约举行。路易斯·福克斯的得分一路遥遥领先，只要再得几分便可稳拿冠军了，就在这个时候，他发现一只苍蝇落在主球上了，他挥手将苍蝇赶走了。可是，当他俯身击球的时候，那只苍蝇又飞回到主球上，他在观众的笑声中再一次起身驱赶苍蝇。这只讨厌的苍蝇破坏了他的情绪，而且更为糟糕的是，苍蝇好像是有意跟他作对，他一回到球台，它就又飞回到主球上来，引得周围的观众哈哈大笑。

路易斯·福克斯的情绪恶劣到了极点，他终于失去了理智，愤怒地用球杆去击打苍蝇，球杆碰到了主球，裁判判他击球，他因此失去了一轮机会。路易斯·福克斯方寸大乱，连连失利，而他的对手约翰·迪瑞则愈战愈勇，终于赶上并超过了他，最后拿走了桂冠。第二天早上，人们在河里发现了路易斯·福克斯的尸体，他投河自杀了！

一只小小的苍蝇，竟然击倒了所向无敌的世界冠军！路易斯·福克斯夺冠不成反被夺命，这是一件不该发生的事情。

人的情绪中有两大暴君（愤怒与欲望）与单枪匹马的理性抗衡，感性与理性对心理的影响相反，人的激情远胜于理性。不能生气的人是笨蛋，而不去生气的人才是聪明人。一个人必须学会自我调控，控制自我的感情和情绪。

第一，深呼吸。

从生理上看，愤怒需要消耗大量的能量，你的头脑此时处于一种极度兴奋的状态，心跳加快，血液流动加速，这一切都要求有大量的氧气补充。深呼吸后，氧气的补充会使你的躯体处于一种平衡的状态，情绪会得到一定程度的抑制。虽然你仍然处在兴奋状态，但你已有了一定的自制能力，数次深呼吸可使你逐渐平静下来。

第二，理智分析。

你将要发怒时，心里快速想一下：对方的目的何在？他也许是无意中说错了话，也许是存心想激怒别人。无论哪种情况，你都不能发怒。如果是前者，发怒会使你失去一位好朋友；如果是后者，发怒正是对方所希望的，他就是要故意毁坏你的形象，你偏不能让他得逞！这样稍加分析，你就会很快控制住自己。

4. 冲动

人们形容某些幼稚的行为举动，常会用"冲动"来说明。也有些不负责任的人，在做了错事之后不敢承担责任，用"一时冲动"来替自己辩解。人要想在竞争激烈的环境中有所作为，必须学会克制住冲动的魔鬼，否则会一发不可收拾，后果也许令我们难以承受。

控制自己的冲动是件非常不容易的事情，因为我们每个人的心中都存在着理智与感情的斗争。

为情所动时，不要有所行动，否则你会将事情搞得一团糟。人在不能自制时，会举止失常；激情总会使人丧失理智。此时应去咨询不为此情所动的第三方，因为当局者迷，旁观者清。当谨慎之人察觉到情绪冲动时，会即刻控制并使其消退，避免因热血沸腾而鲁莽行事。短暂的爆发会使人不能自拔，甚至名誉扫地，更糟糕的则可能丢掉性命。

我们平时无论工作、生活都要尽力保持理性，用理智代替情感，客观的分析才会有助于找到问题的答案与真相，否则在冲动情绪下只会丧失敏锐的判断力，最终作出令我们抱憾的决定。

第五章　意志力提升个人效能

尽管效率是如此重要的事，但很少有人想过如何才能提高效率。事实上，激励自我更快更好地工作及学习的这种力量，一直存在于我们每个人的生命中，就像我们自我保护的本能一样。

走出自己的道路

尽管依靠别人、跟从别人、追随别人，让别人去思考、去计划、去工作要省事得多，但是独立自主者还是会毅然决然地抛弃身边的每一根拐杖，独立思考，独立行动，做一个自立自助的人。他们认为："一个身强体壮、背阔腰圆，重达近一百五十磅的年轻人竟然两手插在口袋里等着帮助，无疑是世上最令人恶心的一幕。"

人们经常持有的一个最大谬见，就是以为他们永远会从别人不断的帮助中获益。一味地依赖他人只会导致懦弱。没有什么比依靠他人的习惯更能破坏独立自主。如果一个人依靠他人，就将永远坚强不起来，也不会有独创力。要么独立自主，要么埋葬雄心壮志，一辈子老老实实做个普通人。

坐在健身房里让别人替我们练习，是永远无法增强自己的肌肉力量的；越俎代庖地给孩子们创造一个优越的环境，好让他们不必艰苦奋斗，也永远无法让他们独立自主，成为一个真正的成功者。

爱默生说："坐在舒适软垫上的人容易睡去。"

依靠他人，觉得总是会有人为我们做任何事，所以不必努力，这种想法对发挥自助自立和艰苦奋斗精神是致命的障碍！

日本著名企业家松下幸之助曾经说过这样一段话："狮子故意把自己的小狮

子推到深谷，让它从危险中挣扎求生，这个气魄太大了。虽然这种作风太严格，然而，在这种严格的考验之下，小狮子在以后的生命过程中才不会泄气。在一次又一次地跌落山涧之后，它拼命地、认真地、一步步地爬起来。它自己从深谷爬起来的时候，才会体会到'不依靠别人，凭自己的力量前进'的可贵。狮子的雄壮，便是这样养成的。"

美国石油家族的老洛克菲勒，有一次带他的小孙子爬梯子玩，可当小孙子爬到不高不矮（不至于摔伤的高度）时，他原本扶着孙子的双手立即松开了，于是小孙子就滚了下来。这不是洛克菲勒的失手，更不是他在恶作剧，而是要小孙子的幼小心灵感受到：做什么事都要靠自己，就是连亲爷爷的帮助有时也是靠不住的。意味可谓深长。

我们身边有不少人在观望、等待，其中很多人不知道等的是什么，但他们在等某些东西。他们隐约觉得，会有什么东西降临，会有些好运气，或是会有什么机会发生，或是会有某个人帮他们，这样他们就可以在没受过教育，没有充足的准备和资金的情况下为自己获得一个开端，或是继续前进。

有些人是在等着从父亲、富有的叔叔或是某个远亲那里弄到钱。有些人是在等那个被称为"运气""发迹"的神秘东西来帮他们一把。

从来没有某个等候帮助、等着别人拉扯一把、等着别人的钱财，或是等着运气降临的人能够真正成就大事。

人，要靠自己活着，而且必须靠自己活着，在人生的不同阶段，尽力达到理应达到的自立水平，拥有与之相适应的自立精神。这是当代人立足社会的根本基础，也是形成自身"生存支援系统"的基石，因为缺乏独立自主个性和自立能力的人，连自己都管不了，还能谈发展、成功吗？即使你的家庭环境所提供的"先赋地位"是处于天堂云乡，你也必得先降到凡尘大地，从头爬起，以平生之力练就自立自行的能力。

抛开拐杖，自立自强，这是所有成功者的做法。其实，当一个人感到所有外部的帮助都已被切断之后，他就会尽最大的努力，以最坚韧不拔的毅力去奋斗，而结果，他会发现：自己可以主宰自己命运的沉浮！

被迫完全依靠自己，绝没有任何外部援助的处境是最有意义的，它能激发出一个人身上最重要的东西，让人全力以赴，就像十万火急的关头，一场火灾或别的什么灾难会激发出当事人做梦都想不到的一股力量。危急关头，不知从哪儿来的力量为他解了围。他觉得自己成了个巨人，他完成了危机出现之前根本无力做成的事情。当他的生命危在旦夕，当他被困在出了事故、随时都会着火的车子里，当他乘坐的船即将沉没时，他必须当机立断，采取措施，渡过难关，脱离险境。

一旦人不再需要别人的援助，自强自立起来，他就踏上了成功之路。一旦人抛弃所有外来的帮助，他就会发挥出过去从未意识到的力量。世上没有比自尊更有价值的东西了。如果我们试图不断从别人那里获得帮助，就难以保有自尊。如果我们决定依靠自己，独立自主，就会变得日益坚强，距离成功也就会越来越近。

如果你充分相信自己，你就具备了从事任何活动的信心与能力。你只有敢于探索那些陌生的领域，才可能体验到人生的各种乐趣。想想那些被称为"天才"的名人，那些生活中颇有作为的人，那些在政界和商界颇有影响的人物，他们都具有一个共同的特性：从不回避未知事物。例如，富兰克林、贝多芬、萧伯纳、丘吉尔以及许多其他伟人，他们都是敢于探索未知的先驱者。与你一样，他们也都是普通的人，只不过是他们敢于走他人不敢走的路。

小泽征尔是世界著名交响音乐指挥家。在一次欧洲指挥大赛的决赛中，小泽征尔按照评委给他的乐谱指挥乐队演奏。指挥中，他发现有不和谐的地方。他以为是乐队演奏错了，就停下来重新指挥演奏。但还是不行，"是不是乐谱错了？"小泽征尔问评委们。在场的评委们口气坚定地都说乐谱没问题，"不和谐"是他的错觉。小泽征尔思考了一会儿，突然大吼一声："不，一定是乐谱错了！"话音刚落，评委们立刻报以热烈的掌声。原来，这是评委们精心设计的"圈套"。前两位参赛者虽然也发现了问题，但在遭到权威的否定后就不再坚持自己的判断，终遭淘汰。而小泽征尔不盲从权威，"认真"了，就不怕别人，哪怕是权威，他最终摘取了这次大赛的桂冠。

还有一个类似的故事：在一家医院，一位大夫在给病人做完手术后，对在一旁第一次做助手的护士说："我们一共在患者体内放了 11 块棉球，都取出来了吧？"年轻的护士回答："大夫，是 12 块棉球，还有一块没有取出来。"大夫生气地说："我记得很清楚，是 11 块，不会错的。"护士低头又仔细数了数手中盘子里的棉球，然后抬起头，说："大夫，是 12 块，还少一块。"这时大夫笑了，他挪开了脚，让护士看——地上有一块棉球，刚才他故意藏在了脚下。

也许你一直认为自己非常脆弱，经不起摔打，如果涉足一个完全陌生的领域，就会碰得头破血流，这是一种荒谬的观点，也是你对自己不具信心的表现。当你身处逆境时，你可以依靠自己战胜困难；当你遇到陌生事物、身处陌生环境时，你不会经不起考验，更不会一蹶不振。相反，如果消除生活中的一些单调的常规，倒会减少你精神崩溃、厌倦生活的可能。对生活感到厌倦，这会削弱一个人的意志并产生一种不健康的心理影响。一旦对生活失去了兴趣，你就可能首先在精神上垮掉。然而，如果你不断给自己的生活寻找一些未知的因素，你的生活就增添了许多色彩，你也会变得更加充实、上进。

"人生之路千万条，条条大道通罗马"。要走向成功，不妨大胆地多方位搜寻探索，不因恐惧失败而灰心丧志，也不因别人的指指点点而犹豫彷徨。不盲从，也不随俗，要走就走自己的路，一定能走出一条成功之路来。

意志力提高个人效率

行动要讲求效率，但千万不要粗制滥造，那样的行动会令你更慢。我们每天都要想：如何增加效率？如何改善流程？如何让我们的产品或服务更好？如何能够满足更多顾客的需求？这是每一个成功人士每天思考的问题。

就像用废纸练习书法一样，平常的日子总会被我们不经意地当作不值钱的"废纸"，涂抹坏了也不心疼，总以为来日方长，平淡的"废纸"还有很多。但生命并非演习，而是真刀真枪的实战。生活也不会给我们"打草稿"的时间和机会，要想生活不留遗憾，就要努力磨炼意志力，改掉自己的不良习惯，提高自己做任何事情的效率，否则待到你漫不经心地写完"草稿"，人生也会成为无法更改的答卷。

然而，很少有人能够系统地思考如何提升做事的效率。效率的改变，来自于观察问题的真正根源所在；效率的改善，来自于分析事情的优先顺序；效率的改变，更来自于自觉地调动意志力。

宋代时，皇宫突然失火，烧毁了几座殿堂，皇帝命令大臣丁谓限时修复。丁谓经过考虑发现有三难：宫中无土筑墙，要从几十里外运土进城难；大批竹、木等建筑材料要从外地运到宫中难；处理建筑后的破砖废石难。怎么办？

经过苦苦思索，他终于精心设计了一个绝妙的施工方案：先把皇宫前的大路挖成深沟，就地取土烧砖筑墙，然后，把汴河水引入沟中，建材用船运到工地，等宫殿修好后，再把垃圾填入沟中，修复大路。这样，一举三得，工程进度比预定时间大大提前。

由此可以看得出，自觉地采用最佳方法来提高工作效率具有巨大的生命力。

一位心理学家说："自觉是治疗的开始。"

这句话讲得非常有道理，因为，当你不自觉的时候，要如何改善？当你不知道自己效率差的时候，要如何改进？当你不知道别人为什么效率好的时候，要如何学习别人的优点？

　　你要学会高效率地行动、学习和工作，努力改善自己的不良习惯，懂得利用时间，善用资源，必须以最短的时间和最少的资源，产生最大的效益，这样才能确保成功。

　　记住！在每天行动前必须思考自己做事的效率，并全力将其贯彻到行动中去，这些是成功不可或缺的。

　　处理事情要分清轻重缓急，重要的事情一定要摆在第一位来完成。唯有如此，你才不会在工作中感到忙乱。

　　你是不是从早忙到晚，感觉自己一直被一大摊的事务追着跑？但你的忙乱也许不是因为事情太多，而是因为你没有将重要的事摆在第一位。在如今越来越复杂与紧凑的工作步调中，将不紧迫又不重要的事情撇在一边，保持"要事第一"是最好的应对原则。

　　"最聪明的人是那些对无足轻重的事情无动于衷，却对那些较重要的事务无法无动于衷的人。"一流人物大都具备无视"小"（人物、是非）的能力，他必须忍住不为小事所缠，他能很快分辨出什么是无关的事项，然后立刻砍掉它。

　　事实也是如此，在你往前奔跑时，你不可以对路边的蚂蚁、水边的青蛙太在意——当然毒蛇拦路除外。如果要先搬掉所有的障碍才行动，那就什么也做不成。一个人过于努力想把所有事都做好，他就不会把最重要的事做好。

　　许多人在处理日常事务时，完全不知道把工作按重要性排队。他们以为每个任务都是一样的重要，只要时间被工作填得满满的，他们就会很高兴。然而懂得安排工作的人却不是这样，他们通常是按优先顺序展开工作，将要事摆在第一位。

　　在确定了应该做哪几件事情之后，你必须按他们的轻重缓急行动。大部分人是根据事情的紧迫感而不是事情的优先程度来安排顺序的。这些人的做法是被动的而不是主动的。懂得生活的人不会这样来按优先顺序开展工作。以下是三个建议：

　　第一，每天开始都有一张优先表。

　　伯利恒钢铁公司总裁查理斯·舒瓦普曾会见效率专家艾维·利。会见时，艾维·利说自己的公司能帮助舒瓦普把他的钢铁公司管理得更好。舒瓦普说他自己懂得如何管理，但事实上公司不尽如人意。可是他说自己需要的不是更多的知识，而是更多的行动。他说："应该做什么，我们自己是清楚的。如果你能告诉我们如何更好地执行计划，我听你的，在合理范围内价钱由你定。"

　　艾维·利说可以在10分钟内给舒瓦普一样东西，这东西能使他的公司业绩提高至少50%。然后他递给舒瓦普一张空白纸，说："在这张纸上写下你明天要做的最重要的六件事。"过了一会儿又说："现在用数字标明每件事情对于你和你的公司的重要性次序。"这花了大约 5 分钟。艾维·利接着说："现在把这张纸放进口袋。明天早上第一件事情就是把这张纸条拿出来，做第一项。不要看其他的，只看第一项。着手办第一件事，直至完成为止。然后用同样方法对待第二件事、第三件事……直到你下班为止。如果你只做完第一件事情，那不要紧。你总是做着最重要的事情。"

艾维·利又说："每一天都要这样做。你对这种方法的价值深信不疑之后，叫你公司的人也这样干。这个实验你爱做多久就做多久，然后给我寄支票来，你认为值多少就给我多少。"

这整个会见历时不到半个小时。几个星期之后，舒瓦普给艾维·利寄去一张 25 万美元的支票，还有一封信。信上说从钱的观点看，那是他一生中最有价值的一课。据说，五年之后，这个当年不为人知的小钢铁厂一跃成为世界上最大的独立钢铁厂，而其中，艾维·利提出的方法功不可没。这个方法为舒瓦普赚得了一亿美元。

第二，把事情按先后顺序排列，制定一个进度表。

把一天的事情安排好，这对于你成就大事情是很关键的。这样你可以每时每刻集中精力处理要做的事。把一周、一个月、一年的时间安排好，也是同样重要的。这样做可给你一个整体方向，使你看到自己的宏图。

真正的高效能人士都是明白轻重缓急的道理的，他们在处理一年或一个月、一天的事情之前，总是按分清主次的办法来安排自己的时间。

商业及电脑巨子罗斯·佩罗说："凡是优秀的、值得称道的东西，每时每刻都处在刀刃上，要不断努力才能保持刀刃的锋利。"罗斯认识到，人们确定了事情的重要性之后，不等于事情会自动办得好，你或许要花大力气才能把这些重要的事情做好。始终要把它们摆在第一位，你肯定要费很大的劲。下面是有助于你做到这一点的三步计划：

第一步，估价。首先，你要用目标、需要、回报和满足感这四项内容对将要做的事情做一个估价。

第二步，去除。去除你不必做的事情，把要做但不一定要你做的事情委托别人去做。

第三步，估计。记下你为目标所必须做的事，包括完成任务需要多长时间，谁可以帮助你完成任务等资料。

第三，要避免不必要的干扰。

要做到重要的事情摆在第一位，并且集中精力将其处理好，就要排除干扰。

但是，我们生活在一个复杂的社会群体之中，任何人都无法完全避免干扰。尽管如此，我们仍然要尽可能地减少干扰。

首先，我们要给自己创造一个良好的工作环境。精力无法集中的人，自称要消除精神疲劳，改变心情，常常会在写字台周围摆上各种不相干的玩意儿。实际上这些东西，无论是全家福照片、纪念品、钟表、温度计，它们既占据你的空间，也分散你的注意力。它们对你形成的干扰是无形的，是不易察觉的。这时候，办法只有一个，除了达到当前目的所必备的东西之外，不让自己看其他东西。

其次，将种种琐事归纳到一起，这样工作起来就更有节奏。例如，有些信件，可以归总起来一次写完；尽量约好时间，尽可能集中依次会见来访者；必须阅读的材料，集中到一起很快地一一过目，等等。

再次，委婉拒绝别人的托付。在现实生活中，难免会遇到别人托付自己做一些事。如果碍于情面不拒绝，有可能会耽误自己的工作进度。不是说对于别人的托付一概拒绝，而是指在必要时，应该巧妙地拒绝别人，使自己的工作能够顺利进行下去。

做好最力所能及的事

太高的奢望和不切实际的目标，对我们而言是没有价值的。只有把握好最近、最现实的目标，付出才可能有回报。

我们来看看下面的一则故事：

一场罕见的洪水袭击了一个小村落，许多人被无情的洪水夺去了生命。一个三口之家也是这场灾难的受害者，丈夫在洪水中救起了自己的妻子，而他们10岁的儿子却被淹死了。对于这个家庭的不幸遭遇，许多人都深表同情。

但事情渐渐出现了变化，另外一些人对那个男人的选择产生了疑问。在突如其来的洪水面前，丈夫挽救妻子的生命，而放弃了他们的儿子。"难道在灾难来临的时候，孩子就应该成为被舍弃的对象吗？"围绕这一话题展开的争论，一时间成了山村里人人谈论的话题。

一个报社的记者路过此地，听说了这件事。对于争论，他不想了解。只是他很想知道：如果你只能救活一个人，究竟应该救妻子还是救孩子呢？妻子和孩子哪一个更加重要？于是他专门去采访了那个丈夫。

"我根本来不及想什么，当洪水到来的时候，妻子就在我身边。我们都不想失去对方，于是我就抓住她拼命地往山坡游。而当我返回去的时候，儿子已经不见了。"他痛苦地回忆着。

"请不要过于悲伤，毕竟你从洪水中救回了妻子。"记者最后说道。

抓住离你最近的目标，你才有可能体现效率的价值。那个男人的选择是对的，救活一个，胜过失去两个。面对洪水，他可以做到的就是紧紧抓住离自己最近的妻子，这是最为现实和明智的，同时，也是最为有效的。如果当时他放弃妻子去救孩子，可能最后一个人也救不了。太高的奢望和不切实际的目标，对我们而言是没有价值的。只有把握好最近、最现实的目标，付出才可能有回报。

在时间管理中，最重要的是抓住最主要的、最紧迫而又最现实的事情。只有这样，我们在讨论其他事情时才不会失去意义。

也许，这样说你还不太明白。那么，我们再来举个例子。

如果今天有人给你几千美元，要你自己出去生活，你将怎样使用这些钱呢？你一定不会先去买电脑游戏，也不至于先去看百老汇舞台秀，而是在解决了衣食住行的问题后，才开始考虑这些娱乐的支出。

同样的道理，在你有了时间的情况下，你不能先拿去打电脑游戏和看电影，也不可以先去整理相册、看小说和胡思乱想，而应该先安排出自己睡眠、工作和学习的时间。因为没有充足的睡眠，你的身体状况不可能好；不花时间乘车，你到不了公司；至于上课、读书则是你现阶段最重要的事。分清什么是重要的事和必须要做的事是十分必要的。当然，除此之外，你必须吃饭、交际，并处理生活中的琐事。但是这些事在整个时间的分配上，应该占的时间要尽量少。

所谓"好钢用在刀刃上"，做最现实的事，把你的精力发挥到最见成效的地方吧！

一次做几件事，绝对不如你全力以赴把精力集中于当前正在进行的工作中，把工作一件件完成来得有效率。

有一位名叫天祥的业务员，其实，他是个非常热心的大好人，对于同事的要求总是义不容辞地一口答应。"送材料啊，来，我帮忙。""联系客户是吗？没问题，我来替你做。""跑广告公司吗？来来来，东西放这儿，我等一下再一起送去。"

甚至，年轻志大的他，还向老板毛遂自荐："老板，我会做……我能做……我还可以做……"有志于销售事业的他一心想着多做点儿事，他认为这样一定可以让自己在同行业间更快地崭露头角。

一开始，体力过人的他尚可应付，但两个月后，他开始吃不消了！开始感到有些力不从心了。三个月后，他每天都顶着晕晕乎乎的脑袋去上班。

半年后，公司公布业绩，他是公认琐务最多的人，但是各项成绩却惨不忍睹，一塌糊涂。

其实在更多的时候，"质"远远比"量"更为重要，与其拿 100 个 60 分，还不如得 60 个 100 分。尽管它们的和都是6 000分，但实际上差别是很大的。如果你是公司的管理者，你每天做许多事情，但却每件事都是马马虎虎，别人看待你充其量不过是个 60 分的人。相反，如果你能集中火力，不贪心，一次只做一件事情，并且能把它做得十分完美，那么别人看待你，就会是个"100 分的人"。

100 个 60 分，不如 60 个 100 分，这个浅显的道理连小学生都知道。

许多人在工作中把自己搞得疲惫不堪，而且效率低下，很大程度上就在于他们没有掌握这个简单的工作方法——一次只解决一件事。他们总试图让自己具有高效率，而结果却往往适得其反。

如果你真的很忙，想寻找利用时间的办法，你不妨用下面这个办法试试看：你写上明天你必须做的六件要务，依重要性排出先后次序。你做完一件再做第二件，然后你依次一件件做下去，做到你下班为止。如果你未能全部做完，也不必担忧。

要是这办法不灵，什么办法也救不了你。

好，让我们现在就照着做！

假定你现在有六项工作要做，你真的不晓得该怎么进行。你要怎么样才能用最快、最简单的办法处理那六件事，又怎样控制它们造成的压力呢？

答案是：你不妨按事情的轻重缓急来做，把重要的工作先做完，然后再做其他的。在你最适当的时间，一次处理一件事。

也许你会说，这个连小孩都会——任何人都想得出来。

当然是任何人都会，但很少有人照着做。

如果你希望自己什么事都做得好，就让你的大脑专心在一项活动上——每次只做一件事吧。

生活中有许多必须做的事情，要是为了想做的事情，而把应该做的、必须做的事情给忽略了，就会出问题。因此，我们需要调整理想和目标，去做人生中最重要的、必须要做的事情。

美国有一个天资聪颖的年轻人，叫柯雷基。他才华横溢，却不懂得一心一意地做任何事，而是想做什么就做什么，这一点几乎成了他的致命伤。他曾就读于著名的剑桥大学，但没有毕业，就参军去了。参军后，他因为不肯服从洗马匹的工作，结果又离开了军队。从军队离开后，他又进入著名的学府牛津大学攻读。可惜，没完成学位，就又离开了。后来，他还创办了一份报纸，但这报纸只出了十期就停刊了。虽然报纸没办成，他仍然梦想着著书立传。他常说："我的书已经完成了，就差把书从脑子里拿出来，交付印刷厂变成铅字了！"他甚至说自己已经完成两套8开本的书了，不过，还没寄给出版社呢！

事实上，他说的这一切著作，都只字未动，仅仅是留在脑海里而已。柯雷基的一生，最后以失败收场。他踌躇满志，最后竟然一事无成。原因何在？有人这样评价他："柯雷基的失败，是因为他想做的太多，结果什么都没做成。虽然才华横溢，但他欠缺毅力和集中力。"

现在要问你，目前你的生活中，你必须做的是什么呢？是求学吗？如果是，就应当把大部分的时间放在功课上面，把你的书念好再说。在这个时候，其他的交际、嗜好，都把它们放到一边。等学好了功课，考完了试，再好好交际娱乐也不迟。

现实生活中，许多人总是抱怨时间不够用，其关键原因就是他们将事情的优先级别搞错了。

合理安排效率高

高效地工作，从一定意义上来说，也就是要合理安排好自己的工作秩序。这样，它将大大节省你的时间和精力，并有利于你工作的开展。

有本管理学著作《有效的经理》一书中有这么一句话："我赞美彻底和有条理的工作方式。一旦在某些事情上投下了心血，就可以减少重复，开启了更大和更佳工作任务之门。"

培根也说过："选择时间就等于节省时间，而不合乎时宜的举动则等于乱打空气。"没有一个合理有序的工作秩序，必然浪费时间，要高效地工作就更不可能了。试想一个搞文字工作的人资料乱放，就是找个材料都会花半天，哪有效率可言？

为了使工作条理化，就要明确每年、每季度、每月、每周、每日的工作及工作进程，并通过有条理的连续工作，来保证以正常速度执行任务。在这里，为日常工作和下一步进行的项目编出目录，不但是一项不可估量的时间节约措施，也是提醒人们记住某些事情的手段，可见，制定一个合理的工作日程是多么重要。

工作日程与计划不同，计划在于对工作的长期计算，而工作日程表是指怎样处理现在的问题。比如今天还有明天的工作，就是逐日推进的计划。有许多人抱怨工作太多又杂乱，实际是由于他们不善于制订日程表，无法安排好日常工作，有时候反而抓住没有意义的事情不放，最后被工作压得喘不过气来。

法国作家雨果说过："有些人每天早上预定好一天的工作，然后照此实行。他们是有效地利用时间的人。而那些平时毫无计划，靠遇事现打主意过日子的人，只有'混乱'二字。"

在明确工作目的和任务后，能不能实现就在于能否合理而有秩序地组织工作。

组织工作就要做好选择的工作，剔除那些完全没有什么价值或者只是意义很小的工作，接着再排除那些虽有价值但别人干更适合的工作，最后再剔除那些以后再做也不迟的工作。对付这些区分出来的工作，你可以采取化繁为简的工作方法加以处理。

美国威斯门豪斯电器公司前董事长唐纳德·C·伯纳姆在《提高生产率》一书中提出提高效率的三个原则：在每做一件事情时，应该问三个"能不能"："能不能取消它？能不能把它与别的事情合并起来做？能不能用更简便的方法来取代它？"

在这三个原则的指导下，善于利用时间的人就能把复杂的事情简明化，办事效率有很大提高，不至于迷惑于复杂纷繁的现象，处于被动忙乱的局面。无论在工作中，还是在生活中，为了提高效率，就必须决心放弃不必要或者不太重要的部分，并且把重要的事情也进行有序化。

实际上，有序原则是时间管理的重要原则，正确地组织安排自己的活动，首先就意味着准确地计算和支配时间，虽然客观条件使得你一时难以做到，但只要你尽力坚持按计划利用好自己的时间，并就此进行分析总结以及采取相应的改进措施，你就一定能赢得效率。

总之，要明确自己的工作是什么，并使工作组织化、条理化、简明化。这样，就能最有效地利用时间，让你的合理安排生出效率来。

我们在工作中常常会遇到千头万绪、十分繁杂的情况，往往会被这些情况弄得晕头转向、不辨东西。这时分清工作中的轻重缓急，找到其中最迫切需要解决的问题，并且集中力量解决它，是最该做的事。

帕莱托定律告诉我们：应该用80%的时间做能带来最高回报的事情，而用20%的时间做其他事情。我们要牢牢记住这个定律，并把它融入工作当中，对最具价值的工作投入充分的时间，否则你永远都不会感到心安，你会一直觉得陷入一场无止境的赛跑里头，而且永远也赢不了。

一位著名的时间管理专家曾做过这样一个实验：

在一次讲关于时间管理的课上，这位专家在桌子上放了一个装水的罐子。然后又从桌子下面拿出一些正好可以从罐口放进罐子里的鹅卵石。当他把石块放完后问他的学生道："你们说这罐子是不是满的？"

"是！"所有的学生异口同声地回答说。"真的吗？"专家笑着问。然后又从桌底下拿出一袋碎石子，把碎石子从罐口倒下去，摇一摇，再加一些，又问学生："你们说，这罐子现在是不是满的？"这回他的学生不敢回答得太快。最后班上有位学生怯生生地回答道："也许没满。"

"很好！"专家说完后，又从桌下拿出一袋沙子，慢慢地倒进罐子里。倒完后，再问学生："现在你们再告诉我，这个罐子是满的呢？还是没满？"

"没有满！"学生们这下学乖了，大家很有信心地回答说。"好极了！"专家再一次称赞他的学生们。然后，专家从桌底下又拿出一大瓶水，把水倒进看起来已经被鹅卵石、小碎石、沙子填满了的罐子里。当这些事都做完之后，专家问他的学生们："我们从上面这些事情可以得到什么重要的启示呢？"

课堂上一阵沉默，后来有位学生站起来回答说："无论我们的工作多忙，行程排得多满，如果要挤一下时间的话，还是可以多做些事的。"专家听完，点了点头，微笑道："说得很好，但并不是我要告诉你们的重要信息。"说到这里，这位专家有意停顿了一下，用眼睛向全班同学扫视了一遍说："我想告诉各位最重要的信息是，如果你不先将大的鹅卵石放进罐子里去的话，你也许以后永远没机会再把它们放进去了。"

工作中，我们难免会被各种琐事、杂事所纠缠，如果我们没有掌握高效能的工作方法，就会被这些事弄得筋疲力尽、心烦意乱，总是不能静下心来做最该做的事；或者是被那些看似急迫的事所蒙蔽，根本就不知道哪些是最应该做的事，结果白白浪费了大好时光。

"鹅卵石"是一个形象逼真的比喻，它就像我们工作中遇到的事情一样，在这些事情中有的非常重要，有的却可做可不做。如果我们分不清事情的轻重缓急，把精力分散在微不足道的事情上，那么重要的工作就很难完成。

创办遍及全美的事务公司的亨瑞·杜哈提指出，不论他出多高的薪水，都不可能找到一个同时具有两种能力的人：第一，有思想；第二，能按事情的轻重缓急来做事。这种说法虽然有些夸张，却也间接地反映出良好的工作习惯的确是被很多人忽略的。

查尔斯·卢克曼，一个默默无闻的人，在 12 年内变成了培素登公司的董事长，并且每年会得到20万美元的薪金，另外还有100万美元的不定向分红。他是怎么成功的呢？他说他的成功原因是他具有亨瑞·杜哈提所说的几乎不可能同时具备的那两种能力。卢克曼说："就我记忆所及，我每天早上五点钟起床，因为那时我的头脑要比其他时间更清醒。这样我可以比较快地计划一天的工作，按事情的重要程度来安排做事的先后次序。"

如果你养成了根据工作的重要与否来组织和行事的习惯，你就能把工作逐一归类，合理地支配时间，做最重要的工作，那么你就将不再为繁忙的工作所累，也不会再因为在无多大意义的事上浪费时间而后悔了。

也就是说，凡事都有轻重缓急，重要性最高的事情，不应该与重要性最低的事情混为一谈，应该优先处理。大多数重大目标无法达到的主因，就是因为你把大多数时间都花在次要的事情上。所以，你必须学会根据自己的核心价值，排定日常工作的优先顺序。建立起优先顺序，然后坚持这个原则，并把这些事项安排到自己的例行工作中。

"分清轻重缓急，设计优先顺序"，这是管理时间的精髓，我们必须好好把握，以此来不断提高我们的工作效率。

学会高效地搜集处理信息

当今世界是一个以大量资讯作为基础来开展工作的社会。在商业竞争中，对市场信息尤其是市场关键信息把握的及时性与准确性，对竞争的成败有着特殊的意义。

因此，对于一名高效能人士来说，行业最新动态、市场现状与发展趋势、相关领域最新技术的动向、交易前沿的最新情况、企业内部其他部门相应工作进度等资讯，他都必须要设法了解。缺乏所需信息情报，工作就难以进行下去。例如，我们在制订计划时，只有尽可能多地拥有信息情报，才能更大程度地使计划完备周详，使可能出现的纰漏降到最低。

另外，在现代职场中，公司内部员工之间的竞争也是越来越激烈，及时、准确地掌握信息，对赢得竞争十分重要。信息就是资历，信息就是竞争力，一个人如果能及时掌握准确而又全面的信息，他就等于掌握了竞争的主动权。

但是我们在工作中面临的一个现实是：一方面知识更新速度很快，社会资讯泛滥，到处充斥着这样那样的信息；另一方面，总是感觉到工作上所需要的资讯相对难求。有些企业，尤其是大型企业对资讯的搜集、管理和使用都比较混乱，没有一套系统的方法。以至于有时候获取了很好的情报，但由于错过了最佳使用时机而失去了其应有的价值。

　　一个高效能人士应当养成高效地搜集、消化信息的习惯。当你真的感到自己在工作时缺乏信息，不要像有的员工那样，抱怨"公司的资讯没能很好地流通，我得不到应有的信息支持"。因为说出这样的话，就表示你没有主动地去搜集资讯信息，而是坐在那里被动地等待别人来提供信息给你。当你确实需要资讯时，必须要主动地去搜集。

1. 要善于捕捉有用信息

　　在信息社会，每一个人都在扮演着两个基本角色，即信息传递者和信息接受者。信息就像人们讲"吃过了吗""吃过了"之类的寒暄话一样自然而平常。但在这"自然而平常"之中，却有着许许多多的道理和学问，关键就是看你能否捕捉和善用信息。

　　职场中总有些人不去自动自发地搜集信息，而只是坐在那里等着信息传达到他们手上。持这种守株待兔的态度，是无法成为一名善于搜集、消化信息的高效能人士的。

2. 要对事物保持敏感

　　一个高效能人士应当对事物保持敏感，这样才能在信息社会中赢得主动。事实证明，那些事业上成功的人，往往对任何事情都抱有好奇心，在搜集信息时，也自然能对事物保持一定的敏感度，以便捕捉到对自己有用的信息。

　　吉兵曾是南方一家公司的小职员，平时的工作是为老板干一些文书工作，跑跑腿、整理整理报刊材料。这份工作很辛苦，薪水又不高，他时刻琢磨着想个办法赚大钱。

　　有一天，他从报纸上看到这样一条介绍美国商店情况的专题报道，其中有一段提到了自动售货机。上面写道："现在美国各地都大量采集自动售货机来销售货品，这种售货机不需要雇人看守，一天24小时可随时供应商品，而且在任何地方都可以营业，给人们带来了许多方便。可以预料，随着时代的进步，这种新的售货方法会越来越普及，必将被广大的商业企业所采用，消费者也会很快地接受这种方式，前途一片光明。"

　　吉兵开始在这上面动脑筋，他想："当时自己所处的地区还没有一家公司经营这个项目，可将来也必然会迈入一个自动售货的时代。这项生意对于没有什么本钱的人最合适。我何不趁此机会去钻这个冷门，经营此新行业？至于售货机里的商品，应该搜集一些新奇的东西。"

　　于是，他就向朋友和亲戚借钱购买自动售货机，共筹到了30万元，这笔钱对于一个小职员来说可不是一个小数目。他以一台1.5万元的价格买下了20台售货机，设置在酒吧、剧院、车站等一些公共场所，把一些日用百货、饮料、酒类、报纸杂志等放入其中，开始了他的新事业。

吉兵的这一举措，果然给他带来了大量的财富。当地人第一次见到公共场所的自动售货机，感到很新鲜，因为只需往里投入硬币，售货机就会自动打开，送出你所需要的东西。一般地，一台售货机只放入一种商品，顾客可按照需要从不同的售货机里买到不同的商品，非常方便。吉兵的自动售货机第一个月就为他赚到100多万元。他再把每个月赚的钱投资于自动售货机上，扩大经营规模。5个月后，吉兵不仅早已连本带利还清了借款，而且还净赚了近2 000万元。

正是一条有用的信息，造就了一位新富翁。信息时代，这样的富翁不止吉兵一个。因此，我们应当时刻保持对信息的敏感，只有这样才能时刻领先别人一步，成为一名善于把握信息的高效能人士。

3. 要培养搜集信息的好习惯

高效能人士应当养成高效搜集、消化信息的好习惯，那么，我们应当从哪些方面着手培养这些好习惯呢？

（1）主动去关心信息。高效能人士应当主动去"关心"信息，因为这是搜集信息的一个好方法。例如，在大街上，当你听到消防车喇叭声大作时，你会问："哪里失火了？哪里出现了紧急情况吗？"只有主动询问，你才能立刻了解到哪里出现了事故。当看到街头围了一大群人，你要走上前挤进去，才能看得见那里发生了什么事。因为，要掌握一件事情的真相，光有好奇心是不够的，还要尽可能地亲身经历或亲眼所见。要搜集资讯，就必须主动出击，抢先获取第一手资料。

当然，我们还应当培养自己判断价值信息的能力，这样，才能在浩如烟海的信息世界里找到对自己有用的信息。

（2）建立个人信息网络。建立个人信息网络的重要性在于，当你想要哪一类资讯时，你立刻可以找到能提供这方面信息的人；当你想得到最具权威性的资料时，马上有人为你提供最为科学的建议。怎样来建立你的信息网络呢？可以先以你的知交良朋、同一母校的校友、同时进入公司的同事、上各类培训班时认识的学员、同行业里认识的朋友为基础，逐渐扩大你的信息网络。若善加利用，这个网将是你一生中最为宝贵的财富之一。

（3）要善于"套"情报。用对信息的保密程度来划分，人不外乎两类：缄默型和主动传播型。当知道一项内部资讯时，主动传播型的人，不用你去问，他都会跑来告诉你整个事情的始末，并且会添油加醋。而缄默型，则会三缄其口，不随意传话。

对缄默型的人，你要想办法从他们的嘴里"套"出话来。你不能开门见山，要旁敲侧击。而对主动传播型，无论他跟你说什么，你都要很有兴趣地听完它，而不要对自认为有价值的就认真听，觉得没用的就提不起精神。否则，以后他就不会再告诉你什么东西了。

（4）不要随便传播所得情报。一般地，在对方信任你的情况下，才会告诉你内部参考、内幕消息和独家机密，而且他们往往都会叮嘱你"千万不要告诉别人"。如果你把这些别人不知道的事情随便告诉了其他人，一旦传到了当初告诉你的那个人耳中后，以后你再也不能从他那里得到什么有价值的资讯了。

工作中，遇到困难是常有之事，而战胜困难的关键就是善于将困难的工作分解，把大问题化作小问题，学会分阶段、分层次处理问题，从而把"不可能"变成可能。

1968 年春，罗伯·舒乐博士立志在加州用玻璃建造一座水晶大教堂，他向著名的设计师菲力普·强生表达了自己的构想："我要的不是一座普通的教堂，我要在人间建造一座伊甸园。"

强生问他的预算，舒乐博士坚定而坦率地说："我现在一分钱也没有，所以 100 万美元与 400 万美元的预算对我来说没有区别，重要的是，这座教堂本身要具有足够的魅力来吸引人们捐款。"

这座水晶大教堂最终的预算为 700 万美元。700 万美元对当时的舒乐博士来说是一个不仅超出了他的能力范围，也超出了他的理解范围的数字。

当天夜里，舒乐博士拿出 1 页白纸，在最上面写上"700 万美元"，然后又写下了 10 行字：

1. 寻找 1 笔 700 万美元的捐款。

2. 寻找 7 笔 100 万美元的捐款。

3. 寻找 14 笔 50 万美元的捐款。

4. 寻找 28 笔 25 万美元的捐款。

5. 寻找 70 笔 10 万美元的捐款。

6. 寻找 100 笔 7 万美元的捐款。

7. 寻找 140 笔 5 万美元的捐款。

8. 寻找 280 笔 2.5 万美元的捐款。

9. 寻找 700 笔 1 万美元的捐款。

10. 卖掉 1 万扇窗户，每扇 700 美元。

60 天后，舒乐博士用水晶大教堂奇特而美妙的模型打动了富商约翰·可林，他捐出了第一笔 100 万美元。

第 65 天，一对倾听了舒乐博士演讲的农民夫妻捐出第二笔 1000 美元。

第 90 天时，一位被舒乐博士孜孜以求精神所感动的陌生人，在生日的当天寄给舒乐博士一张 100 万美元的银行本票。

8 个月后，一名捐款者对舒乐博士说："如果你的诚意和努力能筹到 600 万美元，剩下的 100 万美元由我来支付。"

第二年，舒乐博士以每扇 500 美元的价格请求美国人订购水晶大教堂的窗户，付款办法为每月 50 美元，10 个月分期付清。6 个月内，1 万多扇窗户全部售出。

1980 年 9 月，历时 12 年、可容纳 10 000 多人的水晶大教堂竣工，这成为世界建筑史上的奇迹和经典，也成为世界各地前往加州的人必去瞻仰的胜景。

水晶大教堂最终造价为 2 000 万美元，全部是舒乐博士一点一滴筹集而来的。

现实中很多目标乍一看就像梦一般遥不可及，然而只要我们本着从零开始、点点滴滴去实现的决心，有效地将难题分解成许多板块，就将会大大提高我们去攻克难关的信心、能力和效率。最终将难题解决，将目标实现。

我们为什么要将"通过训练使意志成为习惯"列为本书的最后一篇？

我们认为、意志力锻炼的最高境界和最终目的，应该就是将意志力打磨成良好的意志习惯。良好的意志习惯对人类的影响是巨大的，我们日常中的绝大部分行为都有意无意地受着它的牵引，坏的习惯足以毁灭人的一生，而好的习惯也毫不夸张地，能使人终身受益。

习惯是一条"心灵路径"，我们的行动已经在这条路径上旅行多时，每经过一次，就会使这条路径更深一点，更宽一点。如果你必须穿过一处人烟稀少的小树林，你就会知道你一定会很自然地选择一条最通畅的小径，而不是人迹罕至的小径，更不会选择自己开辟一条新路。人的心灵之路也是如此，它会选择阻碍最少的路线来行进——走很多人走过的道路。习惯的形成合乎自然法则，通过所有具有生命现象的事物表现出来，也可以表现在无生命的东西上。我们可举一些例子。有人指出一张纸一旦以某种方式折起来，下一次它还会沿相同的折痕去折。一条刚开始认为很长的道路，走过多次后，认为路短了。衣物用过之后形成某些褶痕，而这些褶痕一旦形成就会永远存在，怎么也熨不平。

所以，有人说："习惯是一条绳索，我们每天织一根线，最后它会变得十分坚固，拉都拉不断。"

詹姆斯·佩吉特爵士告诉我们："一个熟练的音乐家在弹钢琴的时候，每秒钟能弹奏 24 个音节。弹奏每个音节时，都经由神经从大脑传导到手指，然后再从手指传导到大脑。每一个音节要求手指做 3 个动作——弯曲、抬高以及至少一次的左移或右移。因此，在一秒钟之内手指至少要活动 72 下，每一下都要求意志的本能反应，明确无误地指导手指的动作以一个特定的速度，以一个特定的力度，到达一个特定的地点。"

关于这一点，有的人轻而易举就可以做到，而且同时还可以与他人高谈阔论。因此，经过不断地重复使之成为一个人的第二本性时，通过遵循习惯的规则，一个人就完全可以通过习惯而不是通过神经中枢来指导自己的行动了，那他的心思就可以解放出来，去做其他更有意义的事情或者进行更有意义的娱乐活动。

在我们的一生中，我们的大脑在一刻不停地指导身体的各个部分以形成各种各样的习惯，这些习惯会通过条件反射来自动地发挥作用。因此，这样就只需把生命的一部分责任交给大脑的神经系统。人体这种自然巧妙而又经济的做法，把人的大脑从那些单调乏味的琐事当中解放了出来，从而使它有机会也有精力从事更高级的活动。

人的一生要么是一幅伟大的作品，要么是一片狼藉，因为每种习惯的养成要么是人们精心培养、自我克制的结果，要么是人们放任自流、恣意纵情的结果。

有一句大家耳熟能详的话，叫"小时偷针，长大偷金"。当一个人初次偷人家的东西时，他往往会心惊肉跳，怕人发现，也受着良心的谴责。但他一而再，再而三地放纵自己这样做时，那些基于想贪图暂时的一点小便宜而做一些虚伪表示的想法，便在他大脑的神经系统里留下了不可磨灭的印记，直到最终偷窃变成了一种生理的需要。

一旦养成这一习惯后，他也许还觉得自己轻而易举地就能克服这个习惯，但是事实上他根本办不到。这个习惯像铁索一样紧紧地束缚住了他的一切，只有通过痛苦地、仔细地、精心地反复从事正确的行为才能加以纠正，而且肯定要用无比坚定的意志力来控制自己的每一次行为。这样，你才有可能在大脑皮层的软组织里形成一种起抗衡作用的因素。

如果习惯最后会成为一个残酷的暴君，统治和强迫人们违背他们的意志、欲望与意愿，那么会动脑筋的人自然会思考这股巨大的力量是否能够加以利用及控制，使它能够对人们提供服务，正如其他大自然力量一样。如果人们能够获得这项成果，那么人们也许就能支配习惯，使它替人们服务，而不是成为习惯的奴隶，在抱怨中做忠实的仆人。现代心理学家非常肯定地告诉我们可以支配、利用及指挥习惯替我们工作，而不必被迫允许习惯控制我们的行为与性格。而达到这一目的的唯一途径就是：练习、练习、再练习！通过练习，你将获得强大的意志力，你将养成良好的习惯，你将最终赢得幸福、成功的一生。

第二部分 如何塑造良好的意志品质

马修斯教授说:"只有通过夜以继日、坚持不懈的努力,我们才能培养出坚强的意志力,它可以面对一切困难的挑战。这种自我训练的过程是循序渐进的,而最终使意志力达到较高境界所需的时间也因人而异。但是,培养这种坚强的意志力所花费的血汗和代价,与这种意志力对我们的人生所具有的巨大价值相比,又是多么的微不足道呀!"

一生的成败,全系于意志力的强弱。具有坚强意志力的人,遇到任何艰难障碍,都能克服困难,消除障碍,玉汝于成。但意志薄弱的人,一遇到挫折,便思求退缩,最终归于失败。实际生活中有许多青年,他们很希望上进,但是意志薄弱,没有坚强的决心,不抱着破釜沉舟的信念,一遇挫折,立即后退,所以终遭失败。

——奥里森·马登

第一章　树立良好意志品质意识

一个用心修炼和提升自己意志力的人，将获得无比巨大的力量，这种力量不仅能够完全地控制一个人的精神世界，而且能够引导人的心智达到前所未有的高度——此时，一个人从未设想能拥有的智能、天赋或能力都变成了现实。

培养坚毅的意志力

坚毅的意志力对于人的发展至关重要，人需要通过培养来提升自己的意志力。一个有着坚毅意志力的人，便有无穷的力量。不论做什么事都要有坚毅的意志，应当坚信任何事情只有付出极大的努力才能获得成功。

我们可以通过有意识地运用各种激励方法和教育而使意志力得到锻炼和加强，并且还可以通过完成每个具体行为目标来培养意志力。强大的愿望潜藏在每个人的内心深处，但是在受到召唤之前，它默默地沉睡在那里，人们忽视了它的存在。正因为如此，对个人意志力的科学训练总会产生奇迹。

生活中，许多人的意志力都亟待加强，然而令人不可思议的是，很少有作品对这个问题进行专门论述。在现代教育体系中，人们很少重视对意志力的培养这一问题。在关于教育学和心理学的著作中，时常有文章指出意志力培养的重要性，但是关于个人该如何培养意志力的论述，却言之甚少，让这些空头理论显得苍白无力。培养意志力有着非同寻常的重要意义，因为它往往能够决定一个人的命运，甚至它的影响要超过智力的影响。

一个铁块的最佳用途是什么？面对同一个铁块，在不同人眼里有不同的价值。

第一个人是个技艺不纯熟的铁匠，而且没有要提高技艺的雄心壮志。在他的眼中，这个铁块的最佳用途莫过于把它制成马掌，他为此竟还自鸣得意。他认为这个粗铁块每磅只值两三分钱，所以不值得花太多的时间和精力去加工它。他强健的肌肉和三脚猫的技术已经把这块铁的价值从 1 美元提高到 10 美元了，对此他已经很满意。

此时，来了一个磨刀匠，他受过一点更好的训练，有一点雄心和一点更高的眼光，他对铁匠说："这就是你在那块铁里见到的一切吗？给我一块铁，我来告诉你，头脑、技艺和辛劳能把它变成什么。"他对这块粗铁看得更深些，他研究过很多锻冶的工序，他有工具，有压磨抛光的轮子，有烧制的炉子。于是，铁被熔化掉，碳化成钢，然后被取出来，经过锻冶，被加热到白热状态，然后投入冷水或石油中以增强韧度，最后细致耐心地进行压磨抛光。当所有这些都完成之后，奇迹出现了，他竟然制成了价值2 000美元的刀片。铁匠惊讶万分，因为自己只能做出价值仅 10 美元的粗制马掌。经过提炼加工，这块铁的价值已被大大提高了。

另一个工匠看了磨刀匠的出色成果后说："如果依你的技术做不出更好的产品，那么能做成刀片也已经相当不错。但是你应该明白这块铁的价值你连一半都还没挖掘出来，它还有更好的用途。我研究过铁，知道它里面藏着什么，知道能用它做出什么来。"

与前两个工匠相比，这个匠人受过更好的训练，他的技艺更精湛，眼光也更犀利，有更高的理想和更坚韧的意志力，他能更深入地看到这块铁的分子——不再囿于马掌和刀片。他用显微镜般精确的双眼把生铁变成了最精致的绣花针。他已使磨刀匠的产品的价值翻了数倍，他认为他已经榨尽了这块铁的价值。当然，制作肉眼看不见的针头需要有比制造刀片更精细的工序和更高超的技艺。

但是，这时又来了一个技艺更高超的工匠，他头脑更灵活，手艺更精湛，更有耐心，而且受过顶级训练，他对马掌、刀片、绣花针不屑一顾，他用这块铁做成了精细的钟表发条。价值 10 万美元。有的工匠只能看到价值仅 10 美元的马掌，有的工匠却看到了价值 10 万美元的产品。

也许你会认为故事应该结束了，然而，故事还没有结束，又一个更出色的工匠出现了。他告诉我们，这块生铁还没有物尽其用，他可以让这块铁造出更有价值的东西。在他的眼里，即使钟表发条也算不上上乘之作。他知道用这种生铁可以制成一种弹性物质，而一般粗通冶金学的人是无能为力的。他知道，如果锻铁时再细心些，它就不会再坚硬锋利，而会变成一种特殊的金属，富含许多新的品质。

这个工匠用一种犀利的、几近明察秋毫的眼光看出，钟表发条的每一道制作工序还可以改进；每一个加工步骤还能更完善；金属质地还可以精益求精，它的每一条纤维、每一个纹理都能做得更完善。于是，他采用了许多精加工和细致锻冶的工序，成功地把他的产品变成了几乎看不见的精细的游丝线圈。一番艰苦劳作之后，他梦想成真，把仅值 1 美元的铁块变成了价值 100 万美元的产品，同样重量的黄金的价格都比不上它。

但是，铁块的价值还没有完全被发掘，还有一个工人，他的工艺水平已是登峰造极。他拿来一块铁，制成钢，精雕细刻之后所呈现出的东西使钟表发条和游丝线圈都黯然失色。待他的工作完成之后，你见到了几个牙医常用来钩出最细微牙神经的精致钩状物。1 磅这种柔细的带钩钢丝，如果能收集到的话，要比黄金贵几百倍。

此刻，你一定会对铁块的潜力产生新的认识吧。当铁块被当作废铁被孤零零地扔弃在垃圾堆里时，你是否曾经思量过它有着未被开发的巨大的价值？其实，故事中的铁块就是你自己，故事中的工匠也是你自己。一个人要成为有多大价值的人才，取决于你对自己的锻造。一块质地粗糙的铁块经过千锤百炼之后，会变得更硬更纯更有韧性，成为非常有价值的可用之材。而一个由肉体、思想、道德和精神力量完美结合在一起的人，同样经过千锤百炼之后，他又会产生多么大的价值呢？你也要学工匠把你自己这块材料加工成器，自觉地接受生活中各种痛苦的考验，生活中逆境的打击、贫困与痛苦中的挣扎、灾难与丧失之痛的刺激、艰苦环境的压迫、忧患焦虑的折磨、令人心寒的冷嘲热讽、经年累月枯燥的教育求索和纪律约束带来的劳累，你经受住并与之斗争，你在各种挑战中，独具匠心、锲而不舍地锻造自己，最终，生活的各种磨砺只会促使你更强大，更魅力非凡，更超凡脱俗。

做一个像马掌一样相对普通的铁块并不是难事，但是要提高人生这个产品的价值就绝非等闲之事了。很多人都认为自己的天赋低劣，不如别人。但只要你愿意，通过耐心苦干、学习和斗争，就可以把自己从粗笨的马掌千锤百炼成精细的游丝。只要持之以恒、坚韧不拔，就可以把原材料的价值提升至令人难以置信的程度。

意志品质四要素

意志品质，就是人在意志行动中表现出来的较为稳定鲜明的心理特征。我们平时说的"意志坚强""意志薄弱"，固然是就意志品质而言的，但这种区分过于笼统，没有揭示出意志品质的具体内涵。在心理学上一般认为，所谓"坚强"的意志品质，包括独立性、果断性、自制性、坚持性四大要素，而"薄弱"的意志品质，就是与上面几种相反的一些品质。

青少年能否成才，与其意志品质有密切关系。意志品质不是天生的，主要是靠后天的培养教育。良好的意志品质所折射的迷人的光辉令我们深切地向往的同时，我们还要认真地学习意志品质的四个要素。

1. 独立性

独立性是指个体倾向于独立自主地做出决定和采取行动，既不易受外界环境的影响，也不拒绝一切有益的意见和建议，在思想和行动上表现出既有原则性又有灵活性。

独立性强的人通常具有明确的行动目的，有坚定的立场和信仰，并以此来统率自己的言行。因此，独立性强的人一旦认识了自己行为的价值和社会意义，就能够自觉地使自己的行动服从于社会的要求，积极地采取行动，即使是在行动过程中碰到巨大的困难和阻碍，他们也会充分发挥自己的主观能动性，千方百计地去克服困难。但丁的名言"走自己的路，让别人去说吧"，就是对独立性这一意志品质的生动写照。

成功始于觉醒。这个觉醒就是确立自信自强意识，即认识到自己一定要成功，一定能成功。刚毅似铁的信念，贞如翠柏的情操，坚如磐石的意志，硬如松竹的骨气，是自信自强者特有的风貌。

"自立者，天助也"，这是一条屡试不爽的格言，它早已被漫长的人类历史进程中无数人的经验所证实。自立的精神是个人真正的发展与进步的动力和根源，它体现在众多的生活领域，成为国家兴旺强大的真正源泉。从效果上看，外在帮助只会使受助者走向衰弱，而自强自立则使自救者兴旺发达。

2. 果断性

人们善于明辨是非，适时采取决定并执行决定，称为意志的果断性。一个具有真正的果断性的人，当客观情况需要立即做出决定时，他会毫不犹豫，及时采取果断措施，这是一种情况。另一种情况是，当客观情况需要延缓决定时，他又会深思熟虑，直到客观情况成熟时才采取相应的措施。一个缺乏果断性的人，他在采取决定时，不是优柔寡断，就是草率从事。优柔寡断者，往往患得患失，踌躇不前；草率从事者，必然懒于思考，轻举妄动。很明显，这两种不良的意志品质，实际上都是意志薄弱的表现。

意志果断的人不贪心，不羡慕别人的成就，他会按自己的意志独立、迅速、准确地决策。他因为追求的目标单一，所以精力旺盛，一干到底。这样的人处事当断必断、敢作敢为，即使遇到突发事件，也能保持头脑冷静，正确处理。

具有果断性品质的人能够对面临的情境迅速而准确地把握、全面而深刻地考虑，并当机立断地做出决策、投入行动；在情况发生意料中的或意料之外的变化时，又能够果敢地停止或改变决定以适应变化。由此可见，意志品质的果断性是以独立性为前提的，并具有较大的灵活性。人云亦云的人或者刚愎自用的人是无果断性可言的。

威廉·沃特说："如果一个人永远徘徊于两件事之间，对自己先做哪一件犹豫不决，他将会一件事情都做不成。如果一个人原本做了决定，但在听到自己朋友的反对意见时犹豫动摇、举棋不定，那么，这样的人肯定是个性软弱、没有主见的人，他在任何事情上都只能是一无所成，无论是举足轻重的大事，还是微不足道的小事，概莫能外。他不是在一切事情上积极进取，而是宁愿在原地踏步，或者说干脆是倒退。古罗马诗人卢坎描写了一种具有恺撒式坚韧不拔精神的人，实际上，也只有这种人才能获得最后的成功——这种人首先会聪明地请教别人，与别人进行商议，然后果断地决策，再以毫不妥协的勇气来执行他的决策和意志，他从来不会被那些使得小人物们愁眉苦脸、望而却步的困难所吓倒——这样的人在任何一个行列里都会出类拔萃、鹤立鸡群。"

我们每个人在自己的一生中，有着种种的憧憬、种种的理想、种种的计划，如果我们能够将这一切的憧憬、理想与计划，迅速地加以执行，那么我们在事业上的成就不知道会有怎样的伟大。然而，人们往往有了好的计划后，不去迅速地执行，而是一味地拖延，以致让一开始充满热情的事情冷淡下去，使幻想逐渐消失，使计划最后破灭。成功也就这样与我们失之交臂。

3. 自制性

自制性是指人们在行动中善于控制自己的情绪，约束自己的言行。

它表现在意志行动的全过程中。在采取决定时，自制力表现为能够进行周密的思考，做出合理的决策，不为环境中各种诱因所左右；在执行决定时，则表现为克服各种内外的干扰，把决定贯彻执行到底。自制力还表现为对自己的情绪状态的调节，例如，在必要时能抑制激情、暴怒、愤慨等。

与自制力相对立的意志品质是任性和怯懦。前者不能约束自己的行动；后者在行动时畏缩不前、惊慌失措。这都是意志薄弱的表现。

有一个作家说："如果一个人能够对任何可能出现的危险情况进行镇定自若的思考，那么，他就可以非常熟练地从中摆脱出来，化险为夷。而当一个人处在巨大的压力之下时，他通常无法获得这种镇定自若的思考力量。要获得这种力量，需要在生命中的每时每刻，对自己的个性特征进行持续的研究，并对自我控制进行持续的练习。而在某些紧急的时刻，有没有人能够完全控制自己，在某种程度上决定了一场灾难以后的发展方向。有时，也是在一场灾难中，这个可以完全控制自己的人，常常被要求去控制那些不能自我控制的人，因为那些人由于精神系统的瘫痪而暂时失去了做出正确决策的能力。"

自我控制的能力是高贵品格的主要特征之一。能镇定且平静地注视一个人的眼睛，甚至在极端恼怒的情况下也不会有一丁点儿的脾气，这会让人产生一种其他东西所无法给予的力量。人们会感觉到，你总是自己的主人，你随时随地都能控制自己的思想和行动，这会给你品格的全面塑造带来一种尊严感和力量感，这种东西有助于品格的全面完善，而这是其他任何事物都做不到的。

4. 坚定性

坚定性也叫顽强性。它表现为长时间坚信自己决定的合理性，并坚持不懈地为执行决定而努力。具有坚定性的人，能在困难面前不退缩，在压力面前不屈服，在引诱面前不动摇。所谓"富贵不能淫，贫贱不能移，威武不能屈"就是意志坚定的表现。这种人具有明确的行动方向，并且能坚定不移地朝着这个方向前进。

坚定性不同于执拗。后者以行动的盲目性为特征。执拗的人不能正视现实，不能根据已经发生变化的形势灵活地采取对策，也不能放弃那些明显不合理的决定。坚定性是和独立性相联系的，具有独立性的人不易为环境的因素所动摇；而执拗是和武断、受暗示相联系的。意志上的坚韧性能够创造许多伟大的奇迹。它绝不后退，从不放弃，在其他能力都已屈服败走的时候，它还坚持着。甚至连"希望"都已离开战场时，它还能助你打许多胜仗。

金钱、职位和权势，都无法与卓越的精神力量和坚韧的品质相比较。不管你手边的事是什么，都要以一种顽强的决心坚持下去。咬紧牙关，对自己说："我能行。"让"坚持目标、矢志不渝"成为你的座右铭。当你内心听到这句话时，就会像战马听到军号一样有效。

在别人都已停止前进时，你仍然坚持；在别人都已失望而放弃时，你仍然进行，这是需要相当大的勇气的。使你得到比别人更理想的位置、更高的薪资，使你做到人上人的，正是这种忍耐的能力，它是一种不以喜怒好恶改变行动的能力。

"坚持下去，直到结果的出现。"卡莱尔说，"在所有的战斗中，如果你坚持下去，每一个战士都能靠着他的坚持而获得成功。从总体上来说，坚持和力量完全是一回事。"

每一点进步都来之不易，任何伟大的成就都不是唾手可得的。许多著名作家的一生，就是坚定执着、顽强拼搏的一生。对于想成就一番大事的人来说，执着是最好的助推器。谁能不停止一次又一次的尝试、打击和收获，谁就能一次又一次地靠向成功。

良好意志品质是成功的助推器

良好的意志品质对于人生有重大的作用，许多人之所以创造了辉煌的人生，正是由于他们具备了良好的意志品质。

古希腊的众多奴隶制国家中有一个叫做斯巴达的国家，斯巴达人在公元前8世纪只有9 000户左右，却统治着被他们征服的25万多人的其他民族。由于斯巴达人的残酷剥削和压迫，经常引起奴隶们的武装起义，这使斯巴达人随时过着备战的生活，并注重将自己的子女培养成能够奴役被征服者的武士。

在斯巴达，孩子生下来以后就要经受肉体的折磨，忍受饥渴、寒冷和痛楚的考验，以培养出应对艰难险阻的意志力。大冷天，他们让孩子在房顶上站立，经受凛冽的寒风的袭击；在炎日下，孩子则被要求相互追逐和格斗。斯巴达的孩子赤足行走，隆冬盛夏都只准穿同一件单薄的衣服，晚上则睡在由自己从河边拔来的芦苇上，吃的食物除了稀粥以外，别无他物。此外，孩子还经常遭受残酷的鞭挞，并且不准他因为疼痛而呼叫或哭泣。

斯巴达人以这种方式教养自己的孩子，为的是磨炼孩子的意志，使孩子从小就变得像钢铁一般坚强。这在当时，出于维护奴隶主的利益，这种教育方式是卓有成效的，造就了一大批吃苦耐劳、能征善战的武士。

由于良好的意志品质对个人的成功励志有很大作用，所以，中外心理学家们在鉴别天才儿童的标准中，意志品质占有重要位置。我国心理学家查子秀在《超常儿童心理学》一书中，介绍了一份结合我国学龄阶段超常儿童表现特点编制而成的《超常儿童心理特点核查表》，供教师和家长识别超常儿童时参考。表中共列15条特点，其中，第3条是：注意范围既广又比较集中，特别对感兴趣的事物能集中注意比较长的时间；第12条是：爱独立思考，独立判断，有主见，有时能发现书本中的矛盾；第13条是：有理想，有抱负，并能根据自己的优势或兴趣确定自学或研究课题；第14条是：有自信心，能比较正确地分析自己的情况和能力，并进行自我调节；第15条是：比较倔强，能排除干扰，克服困难，坚持完成任务。直接反映意志品质的标准，竟占15个标准的1/3。国外心理学家劳库克，在 1957 年曾设计了一个《天才儿童核记表》，建议教师用这个表来甄别天才儿童。在这个表中，他共列了 20 个指标，其中，第 5 个指标是：注意范围很广且能集中，能坚持解决问题和具有追求的兴趣；第 7 个指标是：具备独立而有效的能力；第 11 个指标是：在智力活动上表现出首创精神和独创性。这些指标都与意志品质有关。由这两份鉴别标准，我们可以看出意志品质对成功起着巨大的作用。

意志的基本品质是相互联系综合地表现在一个人身上的。比如说，如果没有果断性，就做不了决定，也就谈不上坚韧性；如果没有独立性，就不能明确地认识自己的行动目的，因而就无所坚持；如果没有自制性，就不能使自己的行动的主要目的压倒其他动机，当然也无法坚持。

另外，意志品质的发展是相互交错的。各方面的意志品质在一个人身上的发展，往往是不均衡、不一致的。比如，这个人的某些意志品质如独立性、坚韧性发展水平高些，而另一些意志品质如自制性、果断性发展水平却低些；而另外一个人则可能正好相反。

正因为人的意志品质的发展是既相互联系又相互交错的，也就使人们的意志品质出现了种种差异，使人们的意志品质呈现出千差万别的个体风貌。虽然人的意志品质的个体风貌是千差万别的，但大致上不外乎两种倾向：一种是以积极的良好品质为基本倾向；一种是以消极的不良意志品质为基本倾向。这就是我们平常说的有的人意志坚强，有的人意志薄弱。

追求成功是一种有目的、有计划地克服困难的意志行动，人具备了良好的意志品质，就会有更大的成功概率。一个人的独立性越高，他所选择的事业就越有社会价值。加强独立性有助于坚持己见、自立自强，从而发挥人的智力因素和非智力因素的作用。果断性强的人能够审时度势把握机会，当机立断。具有果断意志的人，能够成人所不敢成之事，有张有弛，有作有为。成功之路往往是一条艰难之路，具有自制性和坚韧性的人，才能不畏挫折，不怕失败，抵御各种诱惑和干扰，不屈不挠，坚持到底，从而实现人生的价值，获得成功的人生。

那么，良好的意志品质，究竟是通过什么途径来帮助我们获得成功的呢？

其一，良好的意志品质能从态度上提高人活动的积极性。具有良好意志品质的人，能深刻地认识自己学习和工作的目的，积极主动地行动，不必别人督促。相反，意志品质不良的人，往往对学习和工作目的不明确，常常要在别人督促下才肯行动，他们行事过于被动，因此缺乏创造性和持久性。他们遇事敷衍了事，自然难以尽如人意。

其二，良好的意志品质能从效果上提高时间的利用率。具有良好意志品质的人，往往能克服生活中各种各样的干扰，更有效地利用时间，坚持执行既定的计划，克服懒惰松懈等不良习惯和消极情绪，积极主动地进行学习和工作。而意志品质不良的人，则往往得过且过、随波逐流，让大好时光白白浪费掉。

其三，良好的意志品质能从内容上保证活动的一贯性。一个人要想在学习和工作上取得一点成就，往往不是一朝一夕能办到的，必须持之以恒。具有良好意志品质的人，能按部就班、循序渐进地把自己的活动目的一以贯之。而意志品质不良的人往往朝三暮四、浮游摇摆，做事往往半途而废，结果必然一事无成。

既然良好的意志品质对我们人生有如此重要的影响，我们又怎能不努力让自己拥有良好的意志品质呢？

把握好自己的意志力

人的意志力有着极大的力量，它能克服一切困难，不论所经历的时间有多长，付出的代价有多大，无坚不摧的意志力终能帮助人们到达成功的顶峰。

人类的意志是一件很奇怪、很微妙、无法触摸，但却非常真实的东西，它与每个人最深处的自我有着紧密的联系。

人类的意志是一种活生生的力量，和电、磁或其他任何自然的力量一样。意志和能量、引力一样真实。从原子到人，愿望和意志都是存在的，首先是做某事的欲望，然后是要做成它的意志。这是一个不变的法则，存在于所有不同形状、不同级别的事物之中，不管是有生命的，还是无生命的。

对于知道如何运用意志力的人来说，没有什么是不可能的，只要他的意志足够强健。意志力在很大程度上取决于一个人是否相信自己的能力，或者说行动取决于信心。在正常情况下，一般人不相信自己有独立的意志。只有当出现了新的、出乎意料的要求，当有必要运用意志的时候，许多人才意识到他们有这样一种东西叫做意志。对许多人来说，甚至连这样的情况也不会发生。

一个能把握自己意志力的人，也就拥有了自我引导的伟大力量。这种巨大的力量可以实现他的期望，完成他的目标。如果他的意志力坚固得跟钻石一样，并以这种意志力引导自己朝着目标前进，那么他所面对的一切困难，都会迎刃而解。

人人都应该去争取理想的自由，因为只有自由地张扬自己的理想，才能创造出宏大、完美的成就。如果一个人不去争取理想的自由，不以实现最高人生目的为要务，那么不论他多么尽心尽职，多么发奋努力，他的一生也不会有大的成就。

如果一个人无法控制自己的意志力，那么他就很难获得持之以恒的信心，也就失去了发明与创造的可能性。有许多年轻人最初很热心于他们自己的事业，但是由于缺乏意志力与恒心，他们常常放弃自己原有的事业，而去进行别的事业。他们常常对自己所处的位置、所拥有的才能表示怀疑。他们不知道他们的才能怎样加以利用才会最有价值。面对困难，他们常常感到灰心，甚至是沮丧。当他们听到某人成就了某项事业，他们便开始埋怨自己，为何自己不也去做同样的事业，而不检讨自己由于意志力不坚定，浪费了多少成就事业的机会。

可以肯定地说，如果一个人经常放弃他一贯期待的目标，经常松懈自己的意志力，他就绝不会成为一个成功者。

任何想要获得成功的人都必须谨记下面的格言：有志者，事竟成，破釜沉舟百二秦关终属楚；苦心人，天不负，卧薪尝胆三千越甲可吞吴。

要使自己的生命具有特殊意义，要与众不同，就要做高尚的事情。无论历时多么久远，无论面临多少艰难曲折，绝不可放弃成功的志向和希望。

"噢，好样的，那些有着强健意志的人们！"丁尼生这样写道，所有时代和国家的诗人们都曾唱颂过同样的赞歌。丁尼生说出了人类对这一意志力的崇敬和爱慕。他还说道："充满了活力的意志，你将永恒，而那些没有你的人只能为你震惊。"

意志不是固执。有着坚强意志的人知道何时撤退也知道何时进攻，他从不站在原地。如果条件允许他会后退一步，但后退只是为了下一次更好地开始，因为他总有一个明确的目标在心头。当意志让他前进时，他会像一艘强劲的汽船一样迎头赶上，强大而有力，不会为任何事而停下来。这一种精神状态在慈善家兼作家霍华德的引文中有最好的描述：

他决心的力量是如此之大，只有在某些特别的情况下才有所表现。如果这不是某种习惯的行为的话，这一种力量会看起来太过强烈、鲁莽，但是因其并不是断断续续的行为，它才具有了某种沉静的力量。它不会超过平静坚定的界限，更不会煽动起混乱。那是一种强烈的平静，由于人类精神控制着它不会更强烈，由于个人的性格它也不会更平静，而是在其中达成一种统一。

他相信所有个人力量的基础存在于意志，如果有人想在这个世界上取得任何成就的话，他就必须有坚强的意志。要有坚强的意志，最好的办法就是意识到你缺少意志力，然后不停地对自己说："我可以、我将做成这件事。"反复诵读从最好的文学作品中摘录出来的有关意志力的部分，一点一点在你内心建立起一种不可阻挡的力量，它能克服将你从你生命目标拉开的任何诱惑。

这一意志力的外现不仅能激活人类大脑休眠着的潜力，还能将所有保存着的气力、精神集中到要完成的任务上。事实上，意志力所能做到的比这还要多，它能以一种强大的力量感染它周围的人，迫使他们对它关注，承认它的存在。在人与人的竞争中有着最坚强意志的人将获得胜利。竞争可能很短，也可能很长，但结局总是一样的：有着坚强意志力的人将获胜。但苏醒的意志力所能做的还不止这些，它还可以隔着很远的距离把人吸引到拥有强烈意志力的人身边。在自然法则的作用下，事物会被推进一个强大意志力构成的中心。环顾你的四周，你会看到有着强大意志力的人建起了一个强大的磁场，伸向四面八方，影响着一个又一个人，吸引着其他的人加入那一意志掀起的运动里。他们能建起巨大的意志的旋涡或是旋风，远近的人都能感受得到。而且事实上所有有着强大意志力的人都程度不同地这样做了，只是依据他们意志力的大小而有所不同。

人的意志力有着极大的力量，它能克服一切困难，不论所经历的时间有多长，付出的代价有多大，无坚不摧的意志力中将帮助人们到达成功的彼岸。

第二章　意志力训练的几个方面

一支普通的竹子，若不历经千雕万琢的艰辛，怎能成为一支演奏悠扬音乐的笛子？一个人的成长，若非经历无数次的磨砺，又哪能培养出坚忍的意志和健全的性情！只要你怀着一种披荆斩棘、破釜沉舟、不惜任何代价、无论做出多大牺牲都要达到目标的坚强意志，你就会从中产生巨大的能量。

专注力是意志力提升的前提

要想对意志力进行科学的训练，就必须以注意力的训练作为开端。注意力是精神发展的动力之一。注意力是我们获取精神生活的原始素材，是最普通的探索工具。然而，能充分注意到自己的感觉、又能很好地利用自己感觉器官的人确实是太少了。这是被人们忽视的一大领域。

注意力是有目的地将心理活动长时间地集中于某一事物或某些事物上的能力，它是智商品质的重要构成部分。成功者往往具有更好的注意力，对人生和事业更专注、更执着。良好的注意力首先表现在注意力的范围上，即注意力在同一时间内所能清楚地抓住对象的数量，也就是在同一时间内能同时注意到多少问题的出现。善于控制自己的注意力，这样它就能根据我们的需要，具有一定的指向性、集中性和稳定性，继而提高我们的智能水平。注意力的集中与稳定是深入认识客观事物、提高工作效率的必要条件。

然而，我们生活在一个丰富多彩、纷繁复杂的世界上，各种对感官刺激的物质纷至沓来，让我们目不暇接。它分散了我们的注意力，妨碍了大脑皮层优势兴奋中心的形成和稳定，从而影响了我们对某一特定事物清楚、深入地认识。因此，我们必须加强对注意力的调控能力。

从前，有个棋艺大师名叫弈秋。为了不让弈秋高超的棋艺失传，人们为他挑选了两个小孩子做徒弟。这两个小家伙都聪明得很，无论学什么都是一学就会，老百姓对这两个孩子寄予了很大的希望。

在学棋的过程中，一个孩子专心致志，一心一意地学，弈秋老师所讲的每一句话，他都牢记在心。另一个孩子却整天三心二意，漫不经心的，他把老师的话全当成耳旁风。一天，他又在胡思乱想，想象着天上飞来一群天鹅，自己立即拉弓射箭，好几只天鹅"扑啦啦"落下来。啊！好肥的天鹅呀！是烤着吃好，还是煮着吃好呢？他心里盘算着，嘴里流出了口水，心也早就飞到了天空中……

就这样日复一日，年复一年，结果是，在同一个老师的教导下，学出了一个超越弈秋的著名的棋圣和一个一无所长的庸人。

无论是谁，如果不趁年富力强的黄金时代去养成自己善于集中精力的好习惯，那么他以后一定不会有什么大成就。世界上最大的浪费，就是把一个人宝贵的精力无谓地分散到许多不同的事情上。一个人的时间有限、能力有限、资源有限，想要样样都精、门门都通，绝不可能办到，如果你想在任何一个方面做出什么成就，就一定要牢记这条法则。

那些富有经验的园丁往往习惯把树木上许多能开花结实的枝条剪去，一般人都觉得很可惜。但是，园丁们知道，为了使树木能茁壮成长，为了让以后的果实结得更饱满，就必须要忍痛将这些旁枝剪去。否则，若要保留这些枝条，那么将来的总收成肯定要减少无数倍。人也是这样，人若过多地分散了自己的精力，就会"浮光掠影"，一无所长。人只有将注意力集中于一个点，并不断地努力下去，才能最终有所收获。

那么，我们该如何培养自己的专注力呢？

（1）提高参加活动（工作或学习）的自觉性，明确活动的目的和任务。如果一个人对自己所从事的活动的社会意义与个人意义有明确的认识，对这一活动的具体目的与任务有明确的了解，那他就一定能提高注意力集中的水平，使自己专心致志、聚精会神地去从事这一活动。

（2）选择清除头脑中分散注意力、产生压力的想法，使自己完全沉浸于此时此刻，集中注意力于一些平静和赋予能力的工作上，以便专心于所必须解决的问题，清晰地思考，富有创造力，做一些有质量的决定，较大程度地提高自身的效率。

（3）增强兴趣，激发情感，使自己津津有味、乐不知疲地进行活动。注意与兴趣、情感的关系至为密切，一个对自己所从事的活动具有浓厚兴趣和热烈情感的人，他在活动时就一定能全神贯注、专心致志。

（4）一次只专心地做一件事，全身心投入并积极地希望它成功，这样你的心里就不会感到精疲力竭。不要让你的思维转到别的事情、别的需要或别的想法上去。专心于你已经决定去做的那个重要项目，放弃其他所有的事。

你可以把你需要做的事想象成是一大排抽屉中的一个小抽屉。你的工作只是一次拉开一个抽屉，令人满意地完成抽屉内的工作，然后将抽屉推回去。不要总想着所有的抽屉，将精力集中于你已经打开的那个抽屉。一旦你把一个抽屉推回去了，就不要再去想它，这样，你就不会因为干扰而分心了。

（5）养成深入思考的习惯。一个肯开动脑筋、积极思考的人，他就会为活动所吸引，从而使自己沉湎于活动之中；反之，一个浅尝辄止、懒于思考的人，他在活动中，就会如蜻蜓点水，无法使自己的注意力保持高度的集中。因此，我们为了引起并维持专心的注意状态，就必须使自己养成深入思考的习惯。

（6）保持身体健康，使自己有足够的活力和精力去进行活动。我国著名数学家张素诚说："要做到专心，就要身体好。身体不好，常想找医生看病，就专心不了。"

（7）注意适时休息。研究表明，如果人们在一天中经常得到能够缓解压力的休息，那么我们的工作效率将会高得多。事实上，我们必须通过休息来加快速度和改进自己的工作。同时，转移我们的注意力，能使我们从旧框框中解脱出来，解放我们成就事业的创造力。

重新控制思维的一种方法是停止工作，让大脑得到休息。一旦你感到大脑有点僵化，不能很好地思考问题或不能集中注意力时，停止你手中的工作，让大脑得到片刻休息。站起来，走一会儿，喝杯水，跟别人交谈几句，呼吸一些新鲜空气，或者躲到一个安静的地方，参加一项与你的工作毫不相同的活动，让你的大脑完全沉浸在轻松有趣的活动之中。这么做能打断精神压力慢慢地积聚起来的危险过程，缓和大脑的紧张程度，恢复你大脑的思考能力。

如果你没有良好的专注力，不要焦虑，因为专注力的好坏不是先天遗传的，而是要靠后天的培养和训练来提高的。经过培养训练，专注力能够得到很大的提高，意志的品质能得到很好的改善，从而减少粗心的现象，克服粗心的毛病。

自我激励和自我暗示

自我激励，即激发自己、鼓励自己，自己激发自己的动机，充实动力源，使自己的精神振作起来。自我激励之所以能够培养意志力，在于自励能够激发你成功的信心与欲望，从而使你具备一往无前的动机。

自我激励是激励的一种。有没有激励，人朝目标前进的动力是很不一样的。美国心理学家詹姆士的研究表明，一个没有受到激励的人，仅能发挥其能力的20%～30%，而当他受到激励时，其能力可以发挥出90%，相当于前者的3～4倍。可见，自我激励不仅对培养意志力，而且对开发潜能也大有影响。

对于那些意志力不是很强，稍有一点"风吹草动"、稍稍遭到失败就无法忍受的人，特别需要使用自我激励这种辅助手段来培养意志力。

在现代社会中，学会自我激励是很重要的，这是因为剧变的社会既为人们创造了大量的发展机会，也为人们设置了种种的"陷阱"。当人们处于顺境时，一般容易兴高采烈，甚至忘乎所以；而当人们陷入逆境时，往往不知所措、消极悲观。想干一番事业，干出一点成绩来，也许就会有许多意想不到的事情发生。挫折、打击会突然降临到你的头上，流言蜚语、造谣中伤会接踵而来，如果碰到一些很会耍心计、玩权术的顶头上司，那么难堪的小鞋、莫名其妙的打击，就会一个接一个。此时，尤其需要自励，使自己保持一颗平常心，重新取得心理平衡，使精神振作起来，保持自己旺盛的斗志。

那么，怎样运用自我激励来培养意志力呢？

首先，必须学会正确认识自己。古人曰："君子不患人之不己知，患不自知也。"认识自己就是认识自己的长处和短处，不将长处当短处，不将短处当长处，绝不护短，绝不自己原谅自己。只有知道自己遭到失败、挫折的原因在哪儿，才会有的放矢地重新起步，也才有可能培养你的意志力。

怎样认识自己的短处呢？认真反省是一个关键。

自我激励的重要因素是要自己尊重自己。许多人有这样一个毛病：风平浪静时，自贵、自爱甚至自夸得不得了，一遇到问题，就妄自菲薄、自暴自弃、消极颓废，有时甚至还想用一些激化矛盾的方式进行对抗。为什么会这样？其实就是因为自己的内心过于自卑、过于自馁，认为自己这也不行那也不行，什么都干不了。因此一定要自尊，要采取切实措施自己帮助自己，这是自我激励得以实现的重要手段。也就是说，在遇到挫折失败之后，在认真吸取教训的基础上，重新设定奋斗目标，采取一些切实可行的措施，拟订可行性的计划，用一点一点的成功来激励自己，用社会的承认来增强信心，脚踏实地，一步一步前进。

贾金斯博士说："睡眠之前留在脑海中的知识或意识，会成为潜意识，深刻地留在自己的脑海中，并可转化成行动力。"

只要你认真地抱着希望，"我希望自己能成功"，或是"我希望自己成为首屈一指的人"，你就一定能找到成功的方法，这就是"贾金斯法则"。

这个原则经常被我们应用在生活之中。例如，明天要去旅行，必须早上5点钟起床，可是家里又没有闹钟，在这种情况之下，怀着一颗忐忑不安的心入睡，生怕自己睡过了头。结果，早上果然5点钟准时起床。在我们的日常生活中，这种靠着潜意识控制自己生理时钟的例子，一年总有几次。

如果你认为自己的意志薄弱，那就对自己说："我一定可以加强自己的意志。"例如，你看到一位很有希望的顾客，你就假想自己很成功地和这位顾客签约的情景。只要你有信心，这种自信心就能让你成为很有魅力的人。这样，每晚就寝前想一次，你就能培养自信，锻炼意志力。

但是，运用这个方法时要注意下面几点：

第一，做好睡眠的准备之后再上床。

第二，声音不可太大。不要一边听收音机，一边行动。

第三，读书或自我期许之后就睡觉。

第四，上了床之后就不要再下床做别的事。

首先要让自己具有清楚的意志，然后不断地实行，这样你就能够不断地进行自我激励，你的人生就能逐渐步向成功。

另外，自我暗示也是一种典型的自我激励的方法，是培养意志力的很好的辅助手段。

所谓"人若败之，必先自败"。许多具有真才实学的人终其一生却少有所成，其原因在于他们深为令人泄气的自我暗示所害。无论他们想开始做什么事，他们总是胡思乱想着可能招致的失败，他们总是想象着失败之后随之而来的羞辱，一直到他们完全丧失意志力和创造力为止。

在每个地方，尽管都有一些人抱怨他们的环境不好，他们没有机会施展自己的才华，但是，就是在相同的条件下，有一些人却设法取得了成功，使自己脱颖而出，天下闻名。这两种人最大的区别就在于自我暗示的不同，前者始终抱着必败的心态，而后者则始终坚信自己会成功。

成功是不可能来自于自认为失败的自我暗示的，就好像玫瑰是不可能来自于长满蓟草的土壤一样。当一个人非常担心失败或贫困时，当他总是想着可能会失败或贫困时，他的潜意识里就会形成这种失败思想的印象，因而，他就会使自己处于越来越不利的地位。换句话说，他的思想、他的心态使得他试图做成的事情变得不可能了。

我们的幸运，或是我们自己认为的所谓"残酷的命运"，其实与我们的自我暗示有莫大的关系。我们经常看到有些能力并不十分突出的人却干得非常不错，而我们自己的境况反不如他们，甚至一败涂地，我们往往认为有某种神秘的命运在帮他们，而在我们身上总有某种东西在拖我们的后腿。但是，实际上却是我们的思想、我们的心态出了问题。

可以这么说，我们面临的问题便是我们根本不知道该如何提高自己。我们对自己不够严格，我们对自己的要求不够高。我们应该期待自己有更加光辉灿烂的未来，应该认为自己是具有超凡潜质的卓越人物。总之，我们一定要对自己有很高的评价。

无论别人如何评价你的能力，你绝不容许怀疑自己能成就一番事业的能力，你应对自己能成为杰出人物怀有充分的信心。而运用自我暗示，能够很成功地增强你的信心。

个人的自我暗示中蕴藏着一笔很大的财富，蕴藏着一笔极大的资本。你在立身行事时，要不断地暗示自己一定会成功，会获得发展、进步。光是这种发展的声音，光是这种积极进取的声音，光是这种能有所成就的声音，光是这种在社会中举足轻重的声音，就足以激起你无限的潜力。

与情绪的影响力相比，自我暗示更能掌握情绪的控制——尤其不会受到消极想法所左右。当然，在心情平静时，情绪很容易控制；但是你心情恶劣、充满不安的感觉时，情绪就很难做有效的控制——除非你经由持续的练习和训练！而在自我暗示的状态下，你才有能力练习控制情绪。再者，由于情绪在追求理想时所扮演的角色十分重要，因此学会情绪的控制，在你个人的事业上，将产生重大的影响力。

有这样一段故事：

一位从纽约到芝加哥的人看了一下他的手表，然后告诉他芝加哥的朋友说已经 12 点了，其实表上的时间要比芝加哥的时间早一个小时。但这位在芝加哥的人没有想到芝加哥和纽约之间的时差，听说已经 12 点了，就对这位纽约客人说他已经饿了，他要去吃中午饭。

这个故事很有趣，同时也告诉我们自我暗示的作用。只要你给自己一个暗示，那么你的行为就将遵循这一暗示的指导。

一位年轻的歌手受邀参加试唱会，她一直期盼能有这个机会，但是她过去已经参加过 3 次了，每次都因为害怕失败，最终败得很惨。这位年轻的女士嗓子很好，但是，过去她一直对自己说："轮到我演唱的时候，便担心观众也许会不喜欢我。我会努力，但是我心中充满了畏惧和忧虑不安。"这样消极的自我暗示肯定不能帮助她演唱成功。

她以下面的方法克服这种消极的自我暗示。她把自己关在房中，一天 3 次，舒服地坐在一张太师椅中，放松她的身体，闭上她的眼睛，尽可能使她的心灵和身体平静下来。因为身体停止活动，可以形成心智的不抵抗，而使心智更容易去接受暗示。然后她对自己说："我唱得很好。我泰然自若，沉着安详，有信心而镇静。"以此来反击畏惧的提示。她每次都带着感情，缓慢而静静地重复说上5~10次。她每天必定"坐"3次，再加上睡前的一次。一个星期过去以后，她真的完全泰然自若、充满了信心。当试唱会来临的时候，她唱得好极了。

许多抱怨自己脾气暴躁的人，被证明极易接受自我提示，而且针对这种脾气的自我暗示能够获得很好的效果。办法是，大约花1个月的时间，每天早晨、中午和晚上临睡之前，对自己说下面的话："从今以后，我将变得更具有幽默感。每天我将变得更可爱，更容易谅解别人。从现在起，我将要成为周围人愉悦和友善的中心，我以幽默感染他们。这种快乐、欢愉和幸福的心情，日渐成为我正常而自然的心志状态。我时时心存感恩。"

和自我激励一样，自我暗示可以给自我以信心，同时暗示的内容本身就是你前进的动力与方向，所以自我暗示可以让你鼓起勇气，一往无前，由此你获得了战胜自我，特别是战胜内心恐惧感的强大意志力。

严格执行自我修炼

生物学上有一个很著名的实验，被称为"温水效应"：

如果你把一只青蛙扔进开水里，它因突然受到巨大的痛苦刺激，便会用力一搏，跃出水面，置之死地而后生；但如果你把它放在一盆凉水里，并使水逐渐升温，由于青蛙慢慢适应了那惬意的温水，所以达到一定热度时，青蛙并不会再跃出水面，它就在这舒适之中被烫死。

实验告诉人们一个极浅显的道理：让你感到舒适满足的东西，往往正是导致你失败的原因。青蛙如此，人又何尝不是这样？正所谓"忧患可以兴国，逸豫可以亡身。"舒适的生活往往使人丧失毅力以及应对挫折的能力。当危机突然来临，人们往往就会不堪一击。因此，我们无论在何种情况下，都应保持一种危机意识，并自觉地磨炼自己的意志力。

战国时期著名纵横家苏秦第一次游说失败后回到家里，一副狼狈的样子，一家人很不高兴，都看不起他。在家人的责怪下，苏秦非常难过。他想：我就这么没出息吗？出外游说、宣传我的主张，人家为什么不接受呢？那一定是自己没有把书读好，没有把道理讲清楚。于是他暗暗下决心，要把兵法研习好。

　　白天，他跟兄弟一起劳动，晚上就刻苦学习，直到深夜。夜深人静时，他读着读着就疲倦了，总想睡觉，眼皮特别沉重，怎么也睁不开。为了治瞌睡，他找来一把锥子，当困劲上来的时候，就用锥子往大腿上一刺，血流出来了，疼痛难忍，但人也不再瞌睡了。精神振作起来，他又继续读书。

　　苏秦就这样苦读了一年多，掌握了姜太公的兵法，他还研究了各诸侯国的特点以及它们之间的利害冲突。他又研究了各诸侯的心理，以便于游说他们的时候，自己的意见、主张能被采纳。

　　公元前333年，他的才华得到了大家的认可，六国诸侯正式订立合纵的盟约，大家一致推苏秦为"纵约长"，把六国的相印都交给他，让他专门管理联盟的事。

　　苏秦合纵联横的成功来自于他的真才实学。但这种真才实学不付出努力是很难取得的。尽管苏秦当时已有家室，年龄也不算小了，但他能够发愤图强，克服万难，并不惜用"锥刺股"的方法来刺激自己保持一颗清醒的头脑去学习，他严格要求自己的精神，实在值得大家学习。

　　生活中，拥有坚强意志的人，并不是天生就具有强大的意志力，而是经过严格修炼而来。锻炼意志必须讲究三严：严肃、严格、严厉。首先，对锻炼意志必须怀着严肃的态度。同时还必须严格要求自己，如果对自己放松要求，一味放纵自己，意志锻炼又从何谈起呢？再者，要严厉地对待自己，一旦意志薄弱，要严厉地惩罚自己。只有做到"三严"，才能真正锻炼出钢铁般的意志。

　　没有严格要求，就不可能有意志的锻炼和铸造。任何一项培养意志的练习和锻炼，都要以严格要求为前提。没有严格要求，即使进行锻炼，其效果也会大打折扣。那些"下次再努力吧""明天再也不这样了"的借口，都是培养意志的大敌。

　　原女排教练袁伟民在训练女排时就有个"狠"劲。平时，他非常关心、爱护女排队员，待她们和蔼、亲切，对他们的生活关心备至。可一上了训练场，他的要求便非常严格。女队员累得浑身出汗如水洗一般，他又扔过去一个球，"继续练"；女队员累得趴在地上起不来了，他又扔过去一个球，"还得练"。他知道，不这样练是打不出世界冠军的，也正是凭着这股狠劲，我们的女排姑娘们才在世界运动赛场上取得了骄人的成绩。

　　意志力锻炼要秉持严格的原则，并在实际行动中坚持下去。

　　因为在意志力的锻炼过程中，常有与既定目的不符合的、具有诱惑力的事物的吸引，这就要学会控制自己的感情，排除主客观因素的干扰，目不旁顾，使自己的行动按照预定方向和轨道坚持到底。而任何见异思迁、半途而废的行为，都只会使意志力锻炼前功尽弃，徒劳无功。

当然，我们对意志力的培养也不必一味强调"苦练"，而要把"苦练"与"趣味"结合起来，这样才能激发更大的热情，将意志力锻炼坚持下去，并取得良好的效果。

合理的安排铸就高效训练

训练的效果在很大程度上取决于合理的活动安排。这就要求不仅要有科学系统的训练，还要注意休息，做到劳逸结合。

1. 意志力训练要循序渐进

意志力训练应按照意志发展的特点，针对不同的年龄阶段，在循序渐进的过程中使意志得到锻炼。

任何良好的意志品质的形成，都不是一朝一夕的事，总有一个逐步发展、逐渐巩固的过程。意志力的锻炼也不例外，不可能一蹴而就。另外，各年龄阶段的人，都有各自阶段的生理心理特点，也就是在意志发展上呈现出不同的年龄特征。意志的年龄特征是分阶段的，各阶段是相互衔接由低到高逐步发展的。这也决定了意志培养要循序渐进。

因此，我们应当针对自己的年龄特征、个性特性和意志发展的阶段，选择相应的锻炼方式。应保持意志锻炼活动的难易适中，太容易了不能达到锻炼意志的目的；太难了，则不仅有损于身心健康，还会降低自信心。按照循序渐进原则，难度应逐步增高，就像爬坡一样，一步步地向高处攀爬。

有这样一个两只虫子的故事。第一只虫子跋山涉水，终于来到一株苹果树下。它抬头看见树上长满了红红的、可口的苹果，馋得口水直流。当它看到其他虫子往上爬时，自己也就着急地跟着往上爬。但它没有目的，也没有终点，更不知自己到底想要哪一个苹果，也没想过怎样去摘取苹果。它的最后结局呢？也许找到了一个大苹果，幸福地生活着；也可能在树叶中迷了路，一无所获。

第二只虫子可不是一只普通的虫子，它做事有自己的规划。它知道自己要什么苹果，也知道苹果是怎么长大的。因此它没忘戴着望远镜观察苹果，它的目标并不是一个大苹果，而是一朵含苞待放的苹果花。它计算着自己的行程，估计当它到达的时候，这朵花正好长成一个成熟的大苹果，它就能得到自己满意的苹果。结果它如愿以偿，得到了一个又大又甜的苹果，从此过着幸福快乐的日子。

遵循"循序渐进"法则锻炼意志，可以从身边的小事做起。例如，早上闹钟响了，却不愿意起床，这时你要命令自己立即起来。这就是对自己懒惰的挑战，去赢得对自己的一个小小的胜利，增强信心。这样，从生活中的小事着手，循序渐进，久而久之，你的意志就会变得非常坚强。

2. 实行全面综合的系统性训练

一个人良好意志品质的形成，是与其知识技能、道德品质以及健康体魄的发展分不开的。坚持系统性原则，就是把意志锻炼与日常的学习生活有机地联系起来，不能单纯地进行所谓意志锻炼，而是把意志锻炼作为德智体全面发展的有机组织部分。

首先，一个人的意志发展与其思维和语言的发展有密切关系。运用思维和语言的力量，可以对意志产生一种激励作用，加强语言和思维训练，这对意志的发展是大有裨益的。

其次，良好的意志品质与一个人的道德品质密切相关。一个人树立远大而崇高的抱负，能使个人行为服从于社会道德准则，才是意志坚强的人。再说，人的有些意志行动，本身就是道德行为，从这个角度说，道德意志又是一个人品德的有机成分。

再次，意志锻炼与身体锻炼相互联系。我们看到的事实是，在相似条件下，体魄健全的人往往更能保持坚强的毅力，并将行动坚持到底。再说，锻炼身体的过程也是锤炼意志的过程。

3. 制订出科学有序的计划

计划要前紧后松，先难后易。首先，计划应分阶段进行。一个长达一个月的计划，分成四周进行，每周分别明确任务、明确目标，非常便于检查进度。阶段数以三至五个为宜，如果每个阶段里的时间都很长，大阶段里可以套小阶段，每个阶段总结一下计划完成情况，提前的可以小庆祝一下，拖后了则要尽快弥补。"周"和"月"这两个单位实在是很好用的，不过要见机行事。

其次，计划要有修改和弥补的余地，并且这个余地不能影响计划整体的实现进度。如果你的时间紧，就要自己加把劲，把计划定得更紧一点，好留一点时间在最后一两天，复习完了还能看看有没有什么遗漏。工作更是如此，要有了解全局的能力。

4. 注意劳逸结合

当紧张地行动了一段时间之后，可以听一些使你放松的音乐，或从事一些别的轻松有趣的活动，这有助于你保持一种积极的、富有成效的心理状态。当你休息一阵再继续努力，你会发现你干起来更有劲头，精力也更充沛了。

第三章　用科学的方法提高意志力

滴水可以穿石。如果三心二意，哪怕是天才，势必一事无成；只有仰仗坚韧不拔的意志力，日积月累，才能看到梦想成真之日。勤快的人能笑到最后，而耐跑的马才会脱颖而出。

用认知引导意志力

巴尔扎克的父母一心想让巴尔扎克在法律界出人头地，于是在巴尔扎克中学毕业后，他们便强迫巴尔扎克到巴黎的一所大学学习法律，并让巴尔扎克早早地到律师事务所实习。可是，巴尔扎克对在当时又有名声又赚钱的法律专业并不感兴趣，他真正喜欢的是文学，他希望能用自己的笔描绘人世百态，鞭笞社会的丑恶现象。尤其是在律师事务所实习期间饱览了巴黎社会种种腐朽不堪的面貌后，他更加坚定了做一个文人的决心。

巴尔扎克的父母见儿子决心已定，也不好强行阻挡，便跟巴尔扎克签订了一份协议：必须在两年内成名，否则必须服从父母的安排，继续攻读法律。巴尔扎克的父母虽然表面上与儿子签订了协议，却对巴尔扎克的生活费用一扣再扣，让这位过惯了好日子的年轻人不得不放下架子，住到贫民窟的阁楼去。他们这样认为：巴尔扎克尝到苦头后，就会知难而退了。可是，巴尔扎克是一个意志坚定的人，他执着地追求着理想，他在半饥半饱的状态下夜以继日地创作。半年过后，巴尔扎克饱含心血和激情的处女作——诗体悲剧《克伦威尔》脱稿了。可是，上演后观众的全盘否定，给这位满怀期望的青年当头一击！

首战失利的巴尔扎克一边顶着家中的压力，一边承受着自尊心的敲打。另外，这时他想从印刷出版业中赚一笔钱的梦想也破灭了，身负巨额债务。处在这样的关头，是退缩，还是坚持？巴尔扎克很快从困境中抬起头来，毅然在拿破仑像的立脚点写下了那句著名的座右铭：我要用笔完成他用剑未能完成的事业。

就这样，饱尝磨难的巴尔扎克凭借着坚韧不拔的斗志，踏上了严肃的、真正意义上的文学道路。从19世纪30年代到50年代这段时间里，巴尔扎克每天工作18个小时。贫穷、饥饿、债务、孤独一直围绕着他、纠缠着他，但这些全被他抛到九霄云外，他全身心地投入写作中。随着一部部反映社会现实的气势恢弘的经典巨著的问世，巴尔扎克终于成为举世瞩目的伟大文学家。

我们在感叹巴尔扎克顽强意志力的同时，思考一下，巴尔扎克顽强的意志源于什么？答案是：源于对真理的认识和追求。

由巴尔扎克的事迹，我们可以看出意志与认知过程密切相关，意志的产生是以认知活动为前提的。

首先，意志的自觉目的性取决于认知活动。人的任何目的都不是凭空产生的，它是人认知活动的结果。人只有认识了客观世界的运行规律，认识了自身的需要和客观规律之间的关系，才能自觉地提出和确定切合实际的行动目的。

其次，意志过程的调节依赖于认知。在意志行动过程中，要随时认识形势的不断变化，分析主客观条件，根据新的认识调节自己的行动，以矫正偏差，加速意志行动的过程，以最终实现目的。

再次，实现目的的方法等也只有通过认知活动才能形成。目的的实现，必须有一定的方式和方法以及有关步骤等才行，这些方法也只有在认知活动中才能掌握。人的认知越丰富越深入，选择的方式和方法也就越合理。人为了确定目的，为了选择方法和步骤，必须要依据相关的认识，从实际情况出发，拟订合理有效的活动方案，编制切实可行的行动计划，并对这一切进行反复的权衡和斟酌。

最后，困难的克服也与认知有关。人只有对困难的性质有了清楚的了解，并具备了相应的知识，才有可能采取相应的办法去克服它。如果对困难的性质没有清楚透彻的认知，头脑中没有相应的方案，人们对困难的克服只能是盲目的，因而也就很难收到应有的效果。

既然人的意志是在认知基础上产生的，所以在意志锻炼中，我们就理所当然地应以认知引导作为首先的基本方法。

我们应该怎样运用认知引导法来锻炼意志呢？

第一，增加自己的科学文化知识。

人只有掌握知识、运用知识，才能认识客观规律，有效地影响客观世界，充分实现意志的能动作用，从而形成良好的意志品质。相反，愚昧无知的人，满足于现有的一丁点肤浅认识，他们看不到自己的责任与使命，没有上进的意识与动力，他们很容易安于现状，不思进取。

所以，我们应该多读书，认识世界，认识人生，增强才干，增强力量，成为意志坚强的人。要切记，人改造客观世界的能力，是与人对客观世界的认识程度成正比的。

第二，形成科学的世界观。

世界观是人的认知活动的定向工具，是人的行为的最高调节器。用科学的世界观武装自己，是锻炼自己具有良好的意志品质的基本条件。因为只有树立科学的世界观，才能正确地确立自己的行动目的，并对思想和行为做出实事求是的正确评价，明辨是非、善恶和荣辱。只有树立起科学的世界观，才能具有高度的责任感和使命感，才能在行动中自觉地遵照社会的发展规律，激励自己强大的意志力，去做出有利于社会发展的事情来。

第三，掌握有关意志锻炼的专门知识。

掌握专门的意志锻炼的知识，有助于引导自己积极主动地锻炼意志。比如可以阅读一些人物传记，获得意志锻炼的感性知识，或是掌握意志力的相关理论知识。这些理性和感性的知识，都会提高我们意志锻炼的效果。

用情感激励意志力

情感是人对客观事物是否符合自己的需要而产生的态度体验。就是说，情感是由客观事物与我们需要的关系决定的。在活动中，人的需要得到满足，就产生肯定的情感，从而对人的行为产生激励作用。强烈而深刻的感情可以给人以巨大的意志力量，从而推动人去克服前行路上的一切困难。

宋代大将军李卫，一次带兵杀赴疆场，不料自己的军队势单力薄，他们寡不敌众，被敌军围困在一座小山顶上。

李卫眼见大众士气低落，心想：这怎么作战呢？于是有一天，将军集合所有将士，在一座寺庙前面，告诉他们："各位部将，我们今天就要出阵了，究竟打胜仗还是败仗，我们请求神明帮我们做决定。我这里有一枚铜钱，把它丢到地下，如果正面朝上，表示神明指示此战必定胜利；如果反面朝上，就表示这场战争将会失败。"

听了这番话，部将与士兵虔诚祈祷磕头礼拜，求神明指示。

将军将铜钱朝空中丢掷，结果，铜钱正面朝上，大家一看非常欢喜振奋，认为是神明指示这场战争必定胜利。

于是，每个士兵都士气高昂、信心十足，他们奋勇作战，果真突出重围，打了胜仗。班师回朝后，有部将就对李卫说，真感谢神明指示我们今天打了胜仗。这时李卫才据实以告："不必感谢神明，其实应该感谢这枚铜钱。"他把身边的这枚铜钱掏出来给部将看，才发现原来铜钱的两面都是正面。

在这场战斗中，聪明的将军巧妙地运用了铜钱来鼓舞战士们必胜的士气，靠着这股强大的激情，他们最终赢得了战争的胜利。

强大的情感可以给人以巨大的意志力量，从而战胜一切。因此，在意志锻炼中我们应该恰当地运用情感激励法，通过情感来激发自己的意志力量。

应该怎样利用情感激励法来锻炼意志呢？

1. 注意培养自己的高级情感需要

（1）理智感。理智感是人在智力活动过程中认识、探求或维护真理的需要是否获得满足而产生的情感体验。这种情感在人的认知活动中有着巨大作用。没有这种理智感的参与，就不可能使认知得到深入。理智感是认知活动的强大动力，它激励人积极地从事各种智慧活动，并激发出强大的意志力去克服活动中的困难。

（2）道德感。道德感是由道德生活的需要与道德观点是否得到满足而产生的内心体验。道德感从社会生活的各个方面表现出来。它表现在对待祖国、集体、人与人的关系上，也表现在工作、事业、学习等诸方面。杜甫云："会当凌绝顶，一览众山小。"说的就是一种远大的道德情感。古往今来，众多为人类作出重大贡献的英雄豪杰，在他们身上，无不凝聚着这些崇高的道德感。正是这些高尚炽烈的情感，推动他们为理想作出了艰苦卓绝的努力。

（3）美感。美感是由审美的需要是否获得满足而产生的情感体验。美感绝不是仅仅有助于人的艺术鉴赏，美感对人的社会生活及其社会行为也具有积极作用。

比如：爬山、游泳、打球，可以强健我们的筋骨，锻炼我们的意志；看戏、看电影、游览参观，可以活跃我们的精神，开阔我们的视野；吟诗、读书、绘画，可以丰富我们的知识，陶冶我们的情操；雄浑豪放的音乐，使人精神振奋，斗志昂扬、意气风发；轻松愉快的曲调，能使人心旷神怡；棋类活动、扑克游戏对人的智力、耐心、判断力都有陶冶作用，等等。一个人的业余生活越是丰富多彩，精神就越能充实和愉快。喜悠悠、乐陶陶、美滋滋的愉快心境，常产生于自己所喜爱的业余活动之中。越是烦闷、困苦之时，越需要有益身心的健康情趣和娱乐。充满情趣的生活，能使我们更感到生活的美好，感到生活充满阳光，从而更加热爱生活，振奋斗志。革命导师马克思、恩格斯、列宁，在把毕生精力献给人类解放事业的同时，生活情趣也都是十分广泛而高雅的。他们都喜欢诗歌、小说，爱好下棋。马克思是一位跳棋能手，恩格斯则是一位高明的骑手，假日里经常骑马跨越壕沟和篱笆。列宁的象棋棋艺能与名家对弈。那些在科学上有重大建树的伟大科学家们，也并非整天埋在书堆里。爱因斯坦爱好拉小提琴，喜欢划船。居里夫人爱好旅行、游泳、骑自行车。巴甫洛夫喜欢读小说、集邮、画画、种花。我国科学家钱三强喜欢读古典文学、唱歌、打乒乓球和打篮球。苏步青爱好写诗，喜欢音乐、戏曲和欣赏舞蹈。华罗庚喜欢写诗填词，等等。充满美感的业余生活，不仅不会瓦解人的斗志，相反，能够活跃人们的情绪，调节神经系统，使人的精力更充沛，性格更健康而坚强，因而，对于人生是十分有利的。

2. 从情感的两极性来激发意志力

情感的一个基本性质是它的两极性，如满意与不满、快乐与痛苦、狂欢与盛怒等，一面是肯定的态度体验，一面是否定的态度体验，这就是两极性。从意志的激发来说，两极的情感即肯定的情感与否定的情感，都能具有激励作用。

公元前494年，吴王夫差为给父亲报仇，亲自带领人马攻打越国。越国连吃败仗，抵挡不住，遂向吴王求和，答应向吴国称臣。勾践夫妇留在吴国伺候吴王，为吴王当马夫，忍辱负重，委曲求全，终使吴王放他回国。回国后，越王立志报仇雪恨，睡在柴草上。为了磨炼自己的意志，他在身边放一苦胆，每天尝一口。在他的感召下，众大臣励精图治，使越国很快富强起来，终于灭了吴国。

首先，肯定的情感可以起"增力"作用。如自信会使人精神焕发，干劲倍增，也就增强了克服困难的勇气和力量。其次，否定的情感有时也具有"增力"作用。如不满、愤怒、痛苦等，常常极大地激发出人的力量，促使人不畏艰险，不惧困难，奋发图强。因此，我们尤其应注意通过情感两极的体验来激发意志力量。

3. 注意提高情感的效能

我们已经明确，人类的情感是有其效能的。但是，这并不是说任何人的任何一种具体情感体验，都有实际的足够效能。不同情感的效能有高低差别。高效能的情感体验，可以激励人的行动，鼓舞士气，增强信心，排除困难，给人一种动力；低效能的情感体验，往往只是陶醉或沉溺其中，不能把情感转化为行动的力量，没有激励作用。比如郁郁寡欢、灰心丧气就是低效能的情感体验，并不能对意志行动有推动作用。因此，应克服消极情感，学会由情感走向行动，使情感具有激励作用。

为了在自己的内心激发出一种积极向上的情感，你可以运用自我沟通的力量。

一旦你开始从事一件事情时，你就不妨对自己说："现在，我做这件事是最恰当不过了。我必定会取得成功。你在自我沟通时要不断地对自己说一些催人奋发、鼓舞人心，使人勇敢、坚毅起来的话语，这样，你就会惊异地发现，这种自我沟通会迅速地使你重新鼓起勇气，使你重新振作起来，使你重新拾起已经丢掉的意志力。"

树立榜样督促自我

苏霍姆林斯基曾说过："世界是通过形象进入人的意识的。"榜样教育正是通过榜样的言论、行为、活动和事迹，把抽象的道德规范具体化、人格化，使受教育者看得见、摸得着、学得了。

榜样是无声的力量，是活的教科书，它具有生动、形象、具体的特点，其身上所体现出的好习惯是实实在在的。榜样具有很强的自律性，他们的美德既不是先天的，也不是在某种机遇中偶然形成的，而是在长期的社会实践中，自我修养、自我严格要求地锻炼出来的。他们的言行，往往亲切感人，很容易激起学习者思想感情上的共鸣，有较大的号召力，促使人们自觉地按榜样那样调节自己的言行，抵制外界不良诱因的干扰，坚持实践品德行为。可以说"先进人物本身就是一部催人奋进的教科书"，具有很强的说服力。

比尔小时候，一有机会就到他家湖中小岛上那座小木屋旁钓鱼。

一天，他跟父亲在薄暮时去垂钓，他在鱼钩上挂上鱼饵，用卷轴钓鱼竿放钓。

鱼饵划破水面，在夕阳照射下，水面泛起一圈圈涟漪；随着月亮在湖面升起，涟漪化作银光粼粼。

渔竿弯折成弧形时，他知道一定是有大家伙上钩了。他父亲投以赞赏的目光，看着儿子戏弄那条鱼。

终于，他小心翼翼地把那条精疲力竭的鱼拖出水面。那是条他从未见过的大鲈鱼！

趁着月色，父子俩望着那条煞是神气漂亮的大鱼。它的腮不断张合。父亲看看手表，是晚上 10 点——离钓鲈鱼季节的时间还有两小时。

"孩子，你必须把这条鱼放掉。"他说。

"为什么？"儿子很不情愿地大嚷起来。

"还会有别的鱼的。"父亲说。

"但不会有这么大的。"儿子又嚷道。

他朝湖的四周看看，月光下没有渔舟，也没有钓客。他再望望父亲。

虽然没有人见到他们，也不可能有人知道这条鱼是什么时候钓到的。但儿子从父亲斩钉截铁的口气中知道，这个决定丝毫没有商量的余地。他只好慢吞吞地从大鲈鱼的唇上取出鱼钩，把鱼放进水中。

那鱼摆动着强劲有力的身子没入水里。小男孩心想：我这辈子休想再见到这么大的鱼了。

那是 34 年前的事。今天，比尔先生已成为一名卓有成就的建筑师。

果然不出所料，那次以后，他再也没钓到过像他几十年前那个晚上钓到的那么棒的大鱼了。可是，每当他想要放弃自己的原则的时候，他就会想起那天晚上，想起父亲坚决地让他放走的那条大鱼，他便有了坚守正义的力量。

榜样可以像一面镜子那样促使受教育者经常对照自己、检查自己，引起自愧和内疚，从而自觉地克服缺点，矫正自己的不良言行。

正因为榜样在家庭教育中具有如此重要的意义，所以从古至今的教育家无不对榜样示范法予以高度的重视。孔子在教育过程中就经常以尧舜、管仲和周公等作为学生的榜样，要求学生"见贤思齐焉，见不贤而内自省也"。荀子也提出过"学莫便乎近其人"的主张。

面对榜样，我们可以采用"内省法"，剖析审视自己的言行，从而督促自己像榜样那样，保持顽强的意志力。

所谓"内省"，用今天的眼光来看，就是通过内心的自我检查、自我分析、自我解剖，用"旁观者"的眼光批判地看待和审视自己，找出自己的缺点，并且决心改正缺点。鲁迅说过："我的确时时解剖别人，然而更多的是更无情地解剖我自己。"这种自我解剖的办法就是一种内省的办法。

要在内心深处形成顽强的意志力，并非一件易事。这需要同自己心灵深处种种负面的念头进行顽强的斗争。罗曼·罗兰在他的《约翰·克利斯朵夫》中写道："人生是一场无休、无歇、无情的战斗，凡是要做个够得上称为人的人，都得时时刻刻同无形的敌人作战：本能中那些致人死命的力量，乱人心意的欲望，暧昧的念头，使你堕落、使你自行毁灭的念头，都是这一类的顽敌。"

对这样的敌人，只能在心灵之中加以驱除。你自己在内心设立一个"法庭"，自己充当着严格无情的"审判官"，与意志力的敌人作斗争。

当你体内的正面意念战胜了负面意念，并产生了持久坚定的行动时，你的意志力就会越来越强大了。

用实践活动锻造意志力

美国著名小说家杰克·伦敦，在谈到自己的成功经历时说："意志不是生来的，而是在参与实践的斗争中磨炼出来的。"

的确如此，人们的优良意志品质并不是主观上想要就能自然产生，也不是闭门修养的方法所能奏效的，主要是在实践中培养。为了学会游泳，就必须下到水里去。为了培养良好的意志力，你就得置身于需要并能产生这种意志品质的实践之中。

我国学者自古就对实际锻炼给予了充分的重视。孔子特别重视"躬行"，主张凡事要躬行。荀子说："学至于行之而止于行。"墨子说："士虽有学而行为本焉。"朱熹更强调实践"洒扫、应对、进退之节"，认为实践是"爱亲、敬长、隆师、亲友之道"，是"修身、齐家、治国、平天下之本"。古代人讲究道德教育要"入乎耳，著乎心，布乎四体，形乎动静"。孟子有段名言："天将降大任于是人也，必先苦其心志，劳其筋骨，饿其体肤，空乏其身，行拂乱其所为，所以动心忍性，增益其所不能。"这段话的大意是：要想让一个人挑起重担，必须让身心和意志受到磨难，让他的筋骨受些劳累，让他的肠胃挨些饥饿，让他的身体空虚困乏起来，让他做的事不能轻易达到目的，这是为了激励他的意志，磨炼他的耐性，增强他的各种能力。总之，就是让人们在艰苦磨炼的实践中培养艰苦奋斗、自强不息的精神和担当重任的本领。墨家也很重视实际锻炼，鼓励人在实践中磨炼自强不息的精神，墨子说："强必荣，不强必辱；强必富，不强必穷；强必饱，不强必饥……"

可见我国古代就有让孩子在实践中磨炼成才的传统。中华民族历来唾弃养尊处优、肩不能担、手不能提的"纨绔子弟"，鄙视生平无大志、碌碌无为的庸人。

如果你要想培养自己具有坚毅果敢的意志力，你应该尽可能多让自己参与实践活动，无论是学习，做家务，还是社会活动，都可以磨炼你的意志。

通常说来，一个人的经历越是充满风浪，越能锻炼意志品质。平静的生活是使人安心的，但可惜的是，一潭死水的生活只是培养没出息者的温床，只能塑造出软弱、平庸之辈。在生活中，经历过大风大浪的磨炼，或在改革中经受了惊涛骇浪考验的人，意志往往是坚强的。而在生活中没有干什么大事业、没有经历过风浪考验的人，则常常表现得脆弱和软弱，遇到一点不大的挫折也能使他惊慌失措。波澜壮阔的伟大人生，要靠波澜壮阔的伟大实践来塑造。坚强无畏的意志，只会产生于久经生活磨炼和考验的那些人身上。

不过，无论是在哪一种实际活动中磨炼意志，我们都应注意以下几点：

第一，明确恰当的要求。也就是要明确意志锻炼的目标，以激发锻炼的积极性。给自己提出的要求：一是应当合理；二是应当简短；三是应当坚决；四是应当有系统性和连贯性，呈渐进的阶梯式。这样可以推动自己步步向前。

第二，把握好任务的难度。太容易的活动没有锻炼意志的意义，太困难的活动也会挫伤意志锻炼的积极性。所谓把握好难度，就是说需要完成的任务，应该既是困难的，又是力所能及的。

第三，尽量自主解决困难。在活动中遇到困难时，可以接受帮助和指导，但不要让别人代替自己克服困难。

第四，了解活动的结果。心理学的研究告诉我们，在练习活动中，是否知道练习过程中每一步的结果，最后的效果是不一样的。知道结果的效果好。所以，我们的意志锻炼活动中，应该了解每次锻炼活动的结果，这有助于增强锻炼的自觉性和积极性，提高意志锻炼的效果。

第五，利用活动的群体效应。意志锻炼的各种活动，可以群体方式进行的，在群体中，相互作用会影响活动者的意志力。

第四章 训练当机立断的意志本领

像芦苇一般摇摆不定的人，无论他其他方面多么强大，在生命的竞赛中，总是容易被那些坚定的人挤到一边，因为后者想做什么就立刻去做。可以这样说，拥有最睿智的头脑，不如拥有果敢的决策力。

成大事者必先果断

东汉曹操曾说："夫英雄者，胸怀大志，腹有良谋，有包藏宇宙之机，吞吐天地之志也。"曹操的这番话，说的正是成大事者的果断决策能力。果断，是指一个人能适时地作出经过深思熟虑的决定，并且彻底地实行这一决定，在行动上没有任何不必要的踌躇和疑虑。果断是成大事者积累成功的资本。

果断的个性，能使我们在遇到艰难险阻时，克服不必要的犹豫和顾虑，勇往直前。有的人面对困难，左顾右盼、顾虑重重，看起来思虑全面，实际上渺无头绪，不但分散了同困难作斗争的精力，更重要的是会销蚀同困难作斗争的勇气。果断的个性在这种情况下，则表现为沿着明确的思想轨道，摆脱对立动机的冲突，克服犹豫和动摇，坚定地采纳在深思熟虑基础上拟定的克服困难的方法，并立即行动起来同困难进行斗争，以取得克服困难的最大效果。

李晓华，中国的超级富豪之一。在 20 世纪 80 年代就曾以一举斥资购下"法拉利"在亚洲限量发售的新款赛车而名闻京城。在李晓华的个人生意投资史上，最惊心动魄的是在马来西亚的一桩买卖。当时，马来西亚政府准备筹建一条高速公路，修往一个并不繁华的地方。虽然政府给了很优惠的政策，但因人们认为这条并不长的公路车流量不大而无人竞标。李晓华闻讯赶往该地考察，并得到一个极其重要的信息：距公路不远处有一个尚待最后确认的储量丰富的大油气田。只因尚未确认，媒体没有正式公布。

如果这一消息得到确认并正式开采，那么这条公路上的车流量可想而知，随着消息的公布，整个地价会直线上扬，其前景极为可观。

李晓华经过周密筹划，下决心，毅然冒着破产和离婚的可能，咬牙拿出全部积蓄和房产作抵押，从银行贷款3 000万美元拿下了这个项目。但期限只有半年，倘若这期间内这条公路不能脱手，贷款还不上，李晓华将倾家荡产，一贫如洗。

5个月过去了，油气田的任何消息都渺无踪影。其间，这位备受煎熬的富豪为了节约开支，吃起了盒饭和方便面，在香港只坐6毛钱的老式有轨电车。他的身心备受煎熬，前程吉凶未卜，他甚至也开始考虑"后事"了。

可是到了第5个月零16天时，消息终于正式公布了。当天，投标项目就立即翻了一番，并连续几天持续看涨。李晓华的前瞻性投资终于得到了成功的回报。

果断，能够帮助我们在执行工作和学习计划的过程中，克服和排除同计划相对立的思想和动机，保证善始善终地将计划执行到底。思想上的冲突和精力上的分散，是优柔寡断的人的重要特点。这种人没有力量克服内心矛盾着的思想和情感，在执行计划过程中，尤其是在碰到困难时，往往长时间地苦恼着怎么办，怀疑自己所做决定的正确性，担心决定本身的后果和实现决定的结果，总是往坏的方面想，犹犹豫豫，因而计划总是不能执行。而果断，则能帮助我们坚定有力地排斥上述这种胆小怕事、顾虑过多的庸人自扰，把自己的思想和精力集中于执行计划本身，从而加强了自己实现计划、执行计划的能力。

果断，可以使我们在形势突然变化的情况下，能够很快地分析形势，当机立断，不失时机地对计划、方法、策略等做出正确的改变，使其能迅速地适应变化了的情况。而优柔寡断者，一到形势发生剧烈变化时就惊慌失措、无所适从。他们不能及时根据变化了的情况重新作出决策，而是左顾右盼，等待观望，以致坐失良机，常常被飞速发展的情势远远抛在后面。

可见，果断，无论是对领导者，还是对普通劳动者，无论是对于工作，还是对于生活和学习，都是需要的。

果断，产生于勇敢、大胆、坚定和顽强等多种意志素质的综合。

果断，是在克服优柔寡断的过程中不断增强的。人有发达的大脑，行动具有目的性、计划性，但过多的事前考虑，往往使人们犹豫不决，陷入优柔寡断的境地。许多人在采取决定时，常常感到这样做也有不妥，那样做也有困难，无休止地纠缠于细节问题，在诸方案中徘徊犹豫，陷入束手无策和茫然不知所措的境地，这就是事前思虑过多的缘故。大事情是需要深思熟虑的，然而生活中真正称得上大事的并不多。况且，任何事情，总不能等待形势完全明朗时才作决定。事前多想固然重要，但"多谋"还要"善断"，要放弃在事前追求"万全之策"的想法。实际上，事前追求百分之百的把握，结果却常常是一个真正有把握的办法也拿不出来。果断的人在采取决定时，他的决定开始时也不可能会是什么"万全之策"，只不过是诸方案中较好的一种。但是在执行过程中，他可以随时依据变化了的情况对原方案进行调整和补充，从而使原来的方案逐步完善起来。"万事开头难"，许多事情开始之前想来想去，这样也无把握，那样也不保险。当减少那些不必要的顾虑后真正下决心干起来，做着做着事情就做顺了。

果断，是在克服胆怯和懦弱的过程中实现的。果断要以果敢为基础，特别是在情况紧急时，要求人们当机立断，迅速地采取决定并且执行决定。比如在军事行动中就需要这样，因为战机常在分秒之间，抓住战机就必须果断。今天从事社会主义现代化建设事业同样需要果敢。大方向看准了，有七分把握，就要果断地定下决心。

果断，要从干脆利落、斩钉截铁的行为习惯开始养成。无论什么事情，不行就是不行，要做就坚决做。生活中不少事情确实既可以这样又可以那样，遇上这样的小事，就不必考虑再三，大可当机立断。否则，连日常的生活琐事也是不干不脆，拖泥带水，你又怎么能够培养出果断的意志来呢？

要果断，还必须经常地排除各种内外部的干扰。果断不是一时的冲动，它必须贯穿于行为的所有三个环节（确定目的、计划和执行），在确定目的的时候需要同各种动机进行斗争，这时果断表现为能够抑制和目的相反的意向，抑制错误的动机，保证作出正确的决断。但在决断作出后，还会有许多因素不断地动摇我们的决心，如舆论、压力、困难、各种诱惑，等等。周围的人们可能会对我们的决心评头论足，来自各个方面的各种压力都有可能使我们已经作出的决定发生动摇。并且，在执行决断时排除内外干扰的果断性，有时比确定目标和初下决心时候的果断性还要难。因此，在执行决定的时候应当特别注意果断性的培养。要养成决心既下就不轻易改变的习惯，不要让一些本来微不足道的因素干扰我们的决心，把自己弄得手足无措。

赢在关键时刻

凡是从容果断的人，都在关键时刻敢于并善于拍板拿主意，表现出超乎寻常的决策能力。

　　宝洁公司的创始人之一，威廉·普罗克特，31 岁时来到辛辛那提寻找机会。他发现，在这个 25 000 多人口的城市里，制造蜡烛的原料非常丰富，而高质量的蜡烛十分缺乏。他小时候曾经在英国的蜡烛作坊干活，懂得怎样制造高质量的蜡烛。于是他果断地决定办一个蜡烛工厂。他说服了自己的连襟，一家小肥皂厂的股东甘布尔，合伙办蜡烛工厂。甘布尔看到制造蜡烛的大好前景，而肥皂工厂在当时是惨淡经营的行业，甘布尔便毅然退出了肥皂厂。他们俩合伙办起的蜡烛厂就是现在的宝洁公司。

　　蜡烛使他们赚了一些钱。但是，当洗澡成为时尚，肥皂的需求量大增时，他们又将经营重心转向了肥皂，并以良好的信誉赢得了市场。当时，松香是制造肥皂的重要原料，只能从美国南方购买，南北战争爆发前，他们预见到松香的供应将会短缺，便大量采购、储存在库房里，结果，当松香的价格上涨 15 倍，许多肥皂厂不得不停产时，宝洁公司仍然正常生产，渡过了难关。

　　准确的判断和果断的决策使宝洁公司始终领先于它所在的行业。在松香、猪油等原料开始匮乏的年代里，宝洁公司首先投入资金研究制造肥皂的新工艺，他们找到了更易得的原料和更经济的生产工艺，推出了比旧式肥皂更好、更廉价的产品——"象牙肥皂"。此后在科研、广告方面，他们总是捷足先登，维持着在清洁剂行业中的领先地位。

　　决策能力不应受情感波动、建议、批评以及表面现象的干扰。判断力是处理任何重要事件所必需的。除了事实本身的真实状况外，它不受任何影响。有的人虽然能力出众，因为疑虑困惑而停滞不前，甚至不肯迈出一小步，尤其是当他在其他方面的能力都很强的时候，这不能不说是人生的悲剧。

　　一份分析 2 500 名尝到败绩的人的报告显示，迟疑不决、该出手时不出手几乎高居 31 种失败原因的榜首；而另一份分析数百名百万富翁的报告显示，这其中每一个人都有迅速下定决心的个性，即使改变初衷也会慢慢来。累积财富失败的人则毫无例外，遇事迟疑不决、犹豫再三，就算是终于下了决心，也是推三阻四、拖泥带水，一点也不干脆利落，而且又习惯于朝令夕改，一日数变。

　　人产生犹豫的缘故十之八九是因为有某种怕犯错的恐惧感。由于恐惧自主、恐惧批评，恐惧改变，迟迟不能决定，而越是犹豫就越恐惧。该作决定的时候怎么办？要决定的事，简单的如今天该穿什么衣服，到哪儿吃午饭；慎重的，譬如要不要辞职等，你是不是即作决定，就按部就班接着做下去，还是过分担忧会有什么后果？

　　头脑好、有才气的人多半有这种困扰。如有位书读得不错的女孩，不知道该学医还是学声乐，为了考虑好，就暂时做些杂工，一做就是五年，仍决定不了。最后是读了医，但是，白白浪费了五年时间，如果当时就读医或学声乐，都该有点成就了。

恐惧、后悔、效率差都和缺乏决断力有连带关系。先耗了时间和精力去想该不该去这么做，又要耗时间和精力去想要不要那样做。心情整日被这些事压得很沉重，人也变得郁闷无趣。有人可能因为拿不定主意而爱听别人的意见，依赖别人，久而久之，觉得别人都在找你的别扭，随时等着挑你的毛病，以至于仇视他人。

决断敏捷、该出手时就出手的人，即使犯错误，也不要紧。因为他对事业的推动作用，总比那些胆小狐疑、不敢冒险的人敏捷得多。站在河边，待着不动的人，永远不会渡过河去。练习敏捷、坚毅的决断，你会受益无穷。那时，你不但对自己有自信，而且也能得到别人的信任。

假使你有寡断的倾向，你应该立刻奋起击败这个恶魔，因为它足以破坏你各种进取的机会。

在你决定某一件事情以前，你应该对各方面情况有所了解，你应该运用全部的常识与理智，郑重考虑，一旦决定以后，就不要轻易反悔。

敏捷、坚毅、决断的力量，是一切力量中的力量。要成就事业，必须学会该出手时就出手；使你的正确决断，坚定、稳固得像山岳一样。情感意气的波浪不能震荡它，别人的反对意见以及种种外界的侵袭，都不能打动它。

敢于行动而不鲁莽从事

意志果断性是指一个人以善于明辨为前提，不失时机地采取决定并坚决执行的品质，这种品质是以敏锐的洞察力和勇敢、机智的应变力为条件的。如果缺乏对事物发展纵横变化的深刻认识和敏捷反应，就谈不上明辨。所呈现的只能是另一方面，即在错综复杂的现象面前如坠雾中，优柔寡断、坐失良机，从而导致舍本逐末，任成功的金丝线从指缝中溜走。

果断并不等于轻率。有人认为，果断就是决定问题快，实际上，在情况不要求立即行动时，或者对于行动的方法和结果未加足够的考虑就仓促地采取决定，这并不是果断，而是轻率、冲动和冒失，是意志薄弱的表现。这种表现在优柔寡断的人身上可以观察出来，因为深思熟虑对于一个优柔寡断的人来说，乃是一个复杂而痛苦的过程，所以总想力求尽快地从其中解脱出来，他的行动常常是仓促的、急躁的和莽撞的。果断的人采取决定时的迅速，和意志薄弱的人的仓促决定毫无共同之处。

必须把果断和武断加以区别。有的人刚愎自用、自以为是，遇到事情既不调查研究，也不深思熟虑，就说一不二地定下来，贸然从事。从表面看，好像很果断，可实际上却是浮躁粗鲁，鲁莽蛮干。果断则是以审时度势、明察秋毫为基，似乎信手拈来，实则高屋建瓴，敢于"温酒斩华雄"者，并非一个"勇"字可以概括。果断性，并不排斥深思熟虑和虚心听取别人意见，正因为多想、多问、多商量，才能使人们对事情更有把握，从而更加果断。自以为是、主观武断的人，有果断的外表，无果断的实质，往往把事情办砸，这是我们应当努力加以避免的。

在我们前进的道路上，有无数大大小小的事等着我们去决定。没有办法知道每件事，但是有办法可以在我们决定前多知道一些，也有办法可以给我们多点时间思考。当我们再一次作出重大决定时，大概又会犯另一次的重大错误。也许是因为过去犯了严重的错误，大部分的人只会往后看，站在那儿惋惜不已。"如果我知道得更多或如果我有更多的时间决定，那么每件事就会有很不一样的结果。"

许多人都害怕作决定，因为每个决定对这些人而言，都是未知的冒险。而且最令人困惑的是，不知道这个决定是否重要。因为不知道这一点，他们毫无头绪地浪费力气，担忧无数的问题，最后什么都没处理好。作决定就像在我们不知道内心真的想要何物时而随手丢铜板一样。焦虑感会逼迫、强制我们就目前所为的事情去行动。但很不幸的是，留给我们决定或选择的时间太少了。瞬间的决定通常最软弱，因为它们只是目前有用的事实。结果总是不好，因为迫使我们作出这样的决定的力量，经常会扭曲了事实、混淆了真相。当所有的决定都取决于现在时，事实上最好的决定是老早以前就决定的那一个。

决定应该会反映我们的目标，假如目标是明确的，这样要决定就比较容易。没有目标的决定只是在那里瞎猜而已。对我们最好的决定可能不是最吸引人的或是能让我们最快得到满足的那一个，这就是"作决定"这件事显得如此复杂的原因。

在生活中，让人完全舒服的抉择很少。人的一生中，在作重大的决定时，大都有退缩的时候。有时候放弃现在的享乐和作某些牺牲，是享受长期快乐的唯一法宝。

在能够作出最佳决定前，我们必须先能分辨这是个主要决定还是次要决定。主要决定值得我们花全部的或大量的注意力和精力；而次要决定则不必要。经常作出正确决定的人，会忽略那些明显的小缺点，因为它们对他们的生活没什么大的影响。但是，一旦他们相信小的疏漏会产生大的影响时，他们就会快速作出反应，然后采取相应的措施。

对长期的问题提出短期的解决之道，通常是不佳的决定。作出不佳决定的人，可能没有意识到长期目标，或者只因为短期目标看起来比较容易作到，就选择了它。有许多短期的目标是在害怕失败的压力之下决定的。试着花点时间来作决定，问问自己："我会因等待而失去什么？我可能赢得什么？"虽然并不能确定决定是对的，但是花点时间来思考，其正确合理的可能性通常要大些。

人们通常会作决定，因为他们不能够容忍迟疑不决，特别是年轻人。由于社会的期待与影响，许多年轻人还不清楚自己到底想要什么的时候，就不得不作决定、作选择、作计划，并且去努力实现它们。于是，有些人就在他们还犹豫不定时就作了选择。尽管这样作有时是不明智的，甚至是糟糕的，他们也还是会觉得得到了解脱，感觉比较好过，但是他们很快就会发现这样作的后果更不好受。

假如你不知道你的目标如何，那就先别妄作决定。迟疑不定有时会让人感到困惑，但是通常在一阵困惑之后，有人就有可能放弃旧的想法和偏见，让问题更清晰，可见，可以把目标加以调整，根据另外的思路来作决定。从这个意义上说，犹豫不决可能是一个相当有价值的成长阶段的开始，每个人都应当珍视并从中获取一些有用的东西，来弥补我们的缺陷。

草率作决定只是在逃避自我怀疑，而且这种做法只能将那些困惑、疑虑暂时埋藏起来。在以后的时间里，它们可能会在另外的人面前再次浮现，变成更棘手的难题。当一些问题出现在我们面前需要解决时，逃避是不明智的。而且即使是一些小问题，如果得不到及时处理，最后也可能会成为超过我们能力所及的大问题。

假如某个决定不能使人快乐，并不意味着它就是错误的，因为没有哪个决定总是让每个人都高兴，我们只能选择使目标完成更为容易的决定。

铸就果断的决策能力

果断决策的意志品质对于每个人来说都是非常重要的。如果一个人拥有超越于犹豫不决和变化不定之上的非凡意志力，那是多么幸运的事情！他鄙视所有的循规蹈矩，他嘲笑所有的反对和抨击；他深深感到内心里涌动着去希冀和去行动的力量，他相信自己的幸运星，他对自己拥有实现愿望的能力深信不疑；

他知道，没有任何怯懦的拖延，没有任何怀疑的阴影，没有任何"如果"或"但是"之类的辩解，没有任何疑虑或恐惧，能够阻止他去尝试；他嘲笑那些充满恐吓意味的横眉冷对，以及代表着阻碍和反对力量的流言蜚语；他对此十分清楚，成为一个真正的人应该做些什么，而且他敢于去做；他本身的人格要比他内心的本能冲动更强有力，他绝不会屈服于各种意见和反对的声音；他既不会为巨大的压力所胁迫，也不会为宠爱或欢呼声所收买。

他能深刻认识事物间的内在联系及事物的本质属性及发展规律，从而在纷繁复杂的各种事物中，透过现象看本质，并抓住主要矛盾，运用创造性思维方法，进行科学的归纳、概括、判断和分析，举一反三、触类旁通，找出解决问题的关键所在。

决策能力绝非与生俱来，更非一日之功，它是个体聪明、学识、勇敢、机智的有机结合，与个体思维的敏捷性、灵活性密不可分。谁都知道机会在人生中的意义。在生命中许多重要的转折点上，如果我们有果断的决策和行动，我们还会缺少机会吗？

对于每个人来说，要磨炼出果断的决策力，可以从以下几个方面入手。

1. 不怕做错决定。一个人要想好好运用决定的力量尚得排除一个障碍，那就是得克服"做错决定"的恐惧。

在圣皮埃尔岛发生火山爆发大灾难的前一天，一艘意大利商船奥萨利纳号正在装货准备运往法国。船长马里奥·雷伯夫敏锐地察觉到了火山爆发的威胁。于是，他决定停止装货，立刻驶离这里。但是发货人不同意。他们威胁说现在货物只装载了一半，如果他胆敢离开港口，他们就去控告他。但是，船长的决心却丝毫不向他们妥协。他们一再向船长保证培雷火山并没有爆发的危险。船长坚定地回答道："我对于培雷火山一无所知，但是如果维苏威火山像这个火山今天早上的样子，我一定要离开那不勒斯。现在我必须离开这里。我宁可承担货物只装载了一半的责任，也不继续冒着风险在这儿装货。"

24 小时后，发货人和两个海关官员正准备逮捕马里奥船长，圣皮埃尔的火山爆发了。他们全都葬身于火海之中。这时候奥萨利纳号却安全地航行在公海上，向法国前进。果断的决策力和不可动摇的毅力最终赢得了胜利，犹豫不决最终将导致灭亡。

在一些必须做出决定的紧急时刻，果断决策者会集中全部心志来做一个决定，尽管他当时意识到这个决定也许不太成熟。在那样的情况下，他必须把自己所有的理解力和想象力激发出来，立即投入到紧张的思考中，并使自己坚信这是在当时的情况下所能作出的最有利决定，然后马上付诸行动。对于成功者来说，有许多重要决定都是这样的——在未经充分考虑的情况下迅速作出。

2. 运筹执行决定。作决定永远比以后的行动要来得困难，所以在作决定的时候要多用脑子，不过也不能太花时间，更别一味担心怎么去做或做了之后会有什么后果。

从前，有一个父亲试图用金钱赎回在战争中被敌军俘虏的两个儿子。这个父亲愿意以自己的生命和一笔赎金来救儿子。但他被告知，只能以这种方式救回一个儿子，他必须选择救哪一个。这个慈爱的父亲，非常渴望救出自己的孩子，甚至不惜付出自己的生命为代价，但是在这个紧要关头，他无法决定救哪一个孩子、牺牲哪一个。这样，他一直处于两难选择的巨大痛苦中，结果他的两个儿子都被处决了。

智者说："果断决策的习惯对我们非常重要，以至于经常要准备冒险作出不成熟的判断或采取不利行动。对一个人来说，偶尔作出错误的决定，总比从不作决定要好。"

成千上万的人在竞争中溃败而归，仅仅因为耽搁和延误。而数不胜数的成功者因为在关键时刻冒着巨大风险，迅速作出决定，创造了财富。

快速决策和异常大胆使许多成功人士渡过了危机和难关，而关键时刻的优柔寡断几乎只能带来灾难性后果。对于比较复杂的局面需要从各方面权衡和考虑，一旦打定主意，就不要怀疑，不要更改，甚至不留退路。

3. 确保决定弹性。一旦你作好决定，可别死抱着一定的做法，那可能会害死你。经常有些人作好了决定，便死抱着自己认为是最好的做法，而听不进去其他的建议。在此切记，脑袋不要弄得太僵化，要学习怎样保持弹性，听听其他善意的建议。

4. 实施决定行动。世界顶尖潜能大师安东尼·罗宾认为，是我们的决定而不是我们的遭遇，主宰着我们的人生。唯有真正的决定才能发挥改变人生的力量，这个力量任何时间都可支取，只要我们决定一定要去用它。

如果我们想脱离围墙的羁绊，我们就可以攀越过去，可以凿洞穿过去，可以挖地道过去或者找扇门走过去。不管一道墙立得多久，终究抵挡不住人们的决心和毅力，迟早是会倒的。人类的精神是难以压制的，只要有心想赢、有心想成功、有心去塑造人生、有心去掌握人生，就没有解决不了的问题、没有克服不了的难关、没有超越不了的障碍。当我们决定人生要自己来掌握，那么日后的发展就不再受困于我们的遭遇，而正视我们的决定时，我们的人生将因此改变，而我们也就有能力去掌握事物发展的规律，获得人生事业的成功，满足物质和精神需求。

第五章　强化自制的意志品质

自我控制的能力是高贵品格的主要特征之一。能镇定且平静地注视一个人的眼睛，喜怒不行于色，这会让人产生一种其他东西所无法给予的力量。

独立自主演绎精彩人生

"在我的生活中，我就是主角。"这是台湾作家三毛的自信之言。人是命运的主人，人是灵魂的舵手。

生命当自主，一个永远受制于人，被人或物"奴役"的人，绝对享受不到创造之果的甘甜。人的发现和创造，需要一种坦然的、平静的、自由自在的心理状态。自主是创新的激素、催化剂。人生的悲哀，莫过于别人在替自己选择，这样，即成为别人操纵的机器，而失去自我。

人生一世，草生一秋。活就要活出个精彩，留也要留下个痕迹。

我们要做生活的主角，不要将自己看作是生活的配角。要做生活的编导、主角，而不要让自己成为一个生活的观众。

我们要做自己命运的主宰。心理学家布伯曾用一则犹太牧师的故事阐述一个观点：凡失败者，皆不知自己为何；凡成功者，皆能非常清晰地认识他自己。失败者是一个无法对情境作出确定反应的人。而成功者，在人们眼中，必是一个确定可靠、值得信任、敏锐而实在的人。

自主的人，能傲立于世，能力拔群雄，能开拓自己的天地，得到他人的认同。勇于驾驭自己的命运，学会控制自己，规范自己的情感，善于布局好自己的精力，自主地对待求学、就业、择友，这是成功的要义。要克服依赖性，不要总是任人摆布自己的命运，让别人推着前行。

　　成功者总是自主性极强的人，他们总是自己担负起生命的责任，而绝不会让别人虚妄地驾驭自己。他们懂得必须坚持原则，同时也要有灵活运转的策略。他们善于把握时机，摸准"气候"，适时适度、有理有节。如有时需要"该出手时就出手"，积极奋进，有时则需稍敛锋芒缩紧拳头，静观事态；有时需要针锋相对，有时又需要互助友爱；有时需要融入群体，有时又需要潜心独处。人生中，有许多既对立又统一的东西，能辩证待之，方能取得人生的主动权。

　　善于驾驭自我命运的人，是最幸福的人。在生活道路上，必须善于作出抉择：不要总是让别人推着走，不要总是听凭他人摆布，而要勇于驾驭自己的命运，调控自己的情感，做自我的主宰，做命运的主人。

自制成就卓越

　　自制力强的人，能够理智地对待周围发生的事件，有意识地控制自己的思想感情，约束自己的行为，成为驾驭现实的主人。

　　自觉地调节作用，表现为发动行动和制止行动两个方面。所谓发动行动是指激励和推动人们去从事达到预定目标所必需的行动。所谓制止行动是指抑制和阻止不符合预定目标的行动。这两者是对立统一的。

　　一个人在事业上的成功需要有坚强的自制力品质。一个人在集中精力完成某项特殊任务时，在自制力的作用下，能排除干扰，抑制那些不必要的活动；在自制力的调节下，能够选择正确的活动动机，调整行动目标和行动计划。

　　威尔在年轻时是一个有很多坏习惯的人——不能自制、易怒、极爱发脾气，但是他也极富青春活力，这种青春活力使他搞了许多恶作剧。在当地镇上，人们都知道他是一个喜欢惹是生非的人，他似乎迅速地滑向坏路，但就在此时，一种形式极其严格的宗教抑制了他的倔强性格，并使他的这种倔强性格屈从于加尔文派基督教的铁的纪律。这样，就给他青春的活力和蓬勃的激情指明了一个崭新的方向，使他得以将其汹涌澎湃的青春激情投入到公共生活中去，并最终使他成为英国历史上极有影响的人物之一。

　　自制力强的人，能理智地控制自己的欲望，分别以轻重缓急去满足那些社会要求和个人身心发展所必需的欲望，对不正当的欲望坚决予以抛弃。

　　作家李准在报告文学《两个青年人的故事》中曾有过这样一段描述："杨乐到了北大数学系后，学习更努力了。他和张广厚每天学习演算 12 小时，他们没有过过星期天，没有过过节假日。'香山的红叶红了'，让它红吧，我们要演算题。'中山公园的菊花展览漂亮极了'，让它漂亮吧，我们要学习。'十三陵发现了地下宫殿'，真不错，可是得占半天时间，割爱吧。'给你一张国际足球比赛的入场券'，真是机会难得，怎么办？牺牲了吧，还是看我们案头上的数学竞赛题吧！"杨乐、张广厚在强烈的学好数学的事业心的召唤下，一次次克制了游览的冲动，这为他们在数学领域中获得重大的成就创造了条件。

自制力强的人，处在危险和紧张状态时，不轻易为激情和冲动所支配，不意气用事，能够保持镇定，克制内心的恐惧和紧张，做到临危不惧、忙而不乱。

自制力强的人，在崇高理想的支配下，能够忍耐克己，为事业、为社会做出惊天动地的大事。邱少云在侦察敌情时，为了不暴露目标，忍受着烈火烧身的痛苦，直至英勇献身。这是高度自制力的光辉典范。

自制力薄弱的人遇事不冷静，不能控制激情和冲动；处理问题不顾后果、任性、冒失。这种人易被诱因干扰而动摇，或惊慌失措。

许多学者、军事家、政治家在指出自制力的重要性的同时，也指出易冲动、好急躁之危害。我国古代军事家孙子把易冲动、好急躁的指挥员用兵视为"用兵之灾"，列为覆军杀将的五种危险之一。毛泽东同志号召指战员要把"一切敌人的'挑战书'，旁人的'激将法'，都要束之高阁，置之不理，丝毫也不为其所动"，"抗日将军们要有这样的坚定性，才算是勇敢而明知的将军，那些'一触即跳'的人们，是不足以语此的。"林则徐根据自己的生活阅历总结出脾气急躁，遇事容易发怒的人最容易把好事办坏。他为了克服在自己身上存在的急躁的坏脾气，亲自动笔书写"制怒"二字，挂在自己的书房里。以后无论走到哪里，都把这块横匾带到哪里。

可见，培养和锻炼自制力，克服自制力薄弱的弱点，对生活、工作是多么的重要。

自制使人身心强大

一个人能够自我控制的秘密源于他的思想。我们经常在头脑中储存的东西会渐渐地渗透到我们的生活中去。如果我们是自己思想的主人，如果我们可以控制自己的思维、情绪和心态，那么，我们就可以控制生活中可能出现的所有情况。

我们都知道，当沸腾的血液在我们狂热的大脑中奔涌时，控制自己的思想和言语是多么的困难。但我们更清楚，让我们成为自己情绪的奴隶是多么危险和可悲。这不仅对工作与事业来说是非常有害的，而且还减少了效力，甚至还会对一个人名誉和声望产生非常不利的影响。这个人也不得不承认，自己无法完全控制和主宰自己，自己不是自己的主人。

有一个作家说："如果一个人能够对任何可能出现的危险情况进行镇定自若的思考，那么，他就可以非常熟练地从中摆脱出来，化险为夷。而当一个人处在巨大的压力之下时，他通常无法获得这种镇定自若的思考力量。要获得这种力量，需要在生命中的每时每刻，对自己的个性特征进行持续的研究，并对自我控制进行持续的练习。而在这些紧急的时刻，有没有人能够完全控制自己，在某种程度上决定了一场灾难以后的发展方向。有时，也是在一场灾难中，这个可以完全控制自己的人，常常被要求去控制那些不能自我控制的人，因为那些人由于精神系统的瘫痪而暂时失去了作出正确决策的能力。"

想想看有这样一个人，他总是经常表露自己的想法——要成为宇宙中所有力量的主人，而实际上他却最终给微不足道的力量让了路！想想看他正准备从理性的王座上走下来，并暂时地承认自己算不上一个真正的人，承认自己对控制自己行为的无能，并让他自己表现出一些卑微和低下的特征，去说一些粗暴和不公正的话。

一个人因为恐惧、愤怒或其他原因而丧失自我控制力时，这是非常悲惨的一幕。而某些重要事情会让他意识到，彻彻底底地成为自己的主人，牢牢地控制自己的命运是多么的必要。

由于缺少自制美德的修炼，我们许多成年人还没有学会去避免那伤人的粗暴脾气和锋利逼人的言辞。

没有自制力的人就像一个没有罗盘的水手，他处在任何一阵突然刮起的狂风的左右之下。每一次激情澎湃的风暴，每一种不负责任的思想，都可以把他推到这里或那里，使他偏离原先的轨道，并使他无法达到期望中的目标。

自我控制的能力是高贵品格的主要特征之一。能镇定且平静地注视一个人的眼睛，甚至在极端恼怒的情况下也不会有一丁点儿的脾气，这会让人产生一种其他东西所无法给予的力量。人们会感觉到，你总是自己的主人，你随时随地都能控制自己的思想和行动，这会给你品格的全面塑造带来一种尊严感和力量感，这种东西有助于品格的全面完善，而这是其他任何事物所做不到的。

这种做自己主人的思想总是很积极的。而那些只有在自己乐意这样做，或对某件事特别感兴趣时才能控制思想的人，永远不会获得任何大的成就。那种真正的成功者，应该在所有时刻都能让他的思维来服从他的志愿力。这样的人，才是自己情绪的真正主人；这样的人，他已经形成了强大的精神力量，他的思维在压力最大的时候恰恰处于最巅峰的状态；这样的人，才是造物主所创造出来的理想人物，是人群中的领导者。

做一个自制力强的人

自制是一种力量，自制使人头脑冷静、判断准确。自制的人充满自信，同时也能赢得别人的自信。

拿破仑·希尔说："一个有自制的人，不易被人轻易打倒；能够控制自己的人，通常能够做好分内的工作，不管是多么大的挑战者皆能予以克服。"自制力强的人，比焦虑万分的人更容易应付种种困难、解决种种矛盾。而一个做事光明磊落、生气蓬勃、令人愉悦的人，无论到哪儿都是受人欢迎的。在社会中，只有遇事不慌、临危不惧的人才能成就大事，而那些情绪不稳、时常动摇、缺乏自信、遇到危险就躲、遇到困难慌神的人，只能过平庸的生活。

在商人中间，自制能产生信用。银行相信那些能控制自己的人。商人们相信，一个无法控制自己的人既不能管理好自己的事务，也不能管理好别人的事务。他可能在缺乏教育和健康的条件下成功,但绝不可能在没有自制力的情况下成功!

无论是谁，只要能下定决心，决心就会为他的自制行为提供力量与后援。能够支配自我，控制情感、欲望和恐惧心理的人会比国王更伟大、更幸福。否则，不可能取得任何有价值的进步。

张飞得知关羽被东吴杀害后，陷入了极度的悲痛之中，他"且夕号泣，血湿衣襟"。刘、关、张桃园结义，手足之情极为深厚，如今兄长被害，张飞的悲痛也算是一种正常的情绪反应。但他在悲痛之中丧失了起码的理智，任由此种不利情绪的发展，并用它来深深感染了刘备，不仅给自己招来杀身之祸，也极大地损害了三人为之奋斗的事业。刘备得知关羽为东吴所害，悲愤之下准备出兵伐吴，赵云向刘备分析当时的形势："国贼乃曹操，非孙权也。今曹丕篡汉，神人共怒，陛下可早图关中……若舍魏以伐吴，兵势一交，岂能骤解……汉贼之仇，公也；兄弟之仇，私也。愿以天下为重。"赵云所主张的先公后私，就是一种理智的选择。若听任自己情绪的指挥，当然要先为关羽报仇雪恨；若从光复汉室的大局着想，则应以伐魏为先。刘备在诸葛亮的苦劝之下，好不容易"心中稍回"，却被张飞无休止的号哭弄得又起伐吴之心。

张飞痛失兄长，恨不得立刻到东吴杀个血流成河，他"每日望南切齿、睁目怒恨"。由于报仇心切，一腔怨怒无处发泄，在不知不觉之间把怒气出到了自己人头上，"帐上帐下，但有犯者即鞭挞之；多有鞭死者"，他的情绪失控到了杀自己人出气的地步，并传染给身边的每一个人。

张飞的情绪失控，不仅使自己，也使刘备在理智与情绪的抗衡中败下阵来，冲动地做出了出兵东吴的错误决定，结果使蜀汉的力量在这场战争中大大削弱，为蜀汉的衰落埋下了伏笔。

当一个人的怨恨到了丧失理智的地步时，他去伤害别人或被别人伤害也就在情理之中。张飞向手下将士发出了"限三日内制办白旗白甲，三军披孝伐吴"的命令，根本不考虑手下能否在那么短的期限内完成任务。当末将范疆、张达为此感到犯难时，张飞不由分说，将二人"缚于树上，各鞭背五十""打得二人满口出血"，还威胁道："来日俱要完备！若违了限，即杀汝二人示众！"

刘备得知张飞鞭挞部属之事，曾告诫他这是"取祸之道"，说明刘备也认识到了张飞丧失理智背后隐藏的危险。然而张飞仍不警醒，不给别人留任何退路，连"兔子急了也咬人"的道理都忘了。最后，范疆、张达无法可想，只好拼个鱼死网破，趁张飞醉酒，潜入帐中将其刺死。

由于张飞不善于控制自己的负面情绪，尽管他有勇猛、豪爽、忠义之名，却不受部属的拥戴。作为一员大将，没有战死沙场，却亡命卧榻仇杀，这的确是缺乏自制力而酿成悲剧的一个典型例子。

同时刘备也是一位不懂得自制的人，一味任其发展，最终导致这样的结局，不能不说是一种必然结果。

人生在世，若缺乏自制，将会令生活"一片狼藉"。一个人若完全被情绪所控制，那样伤害的不只是别人，你自己也会因此失去拥有幸福的机会。

许多名人写下了无数文字来劝诫人们要学会自我克制。詹姆士·博尔顿说："少许草率的词语就会点燃一个家庭、一家邻居或一个国家的怒火，而且这样的事情常常发生。半数的诉讼和战争都是因为言语而引起的。"乔治·艾略特则说："妇女们如果能忍着那些她们知道无用的话不说，那么她们半数的悲伤都可以避免。"

赫胥黎曾经写下过这样的话："我希望见到这样的人，他年轻的时候接受过很好的训练，非凡的意志力成为他身体的真正主人，应意志力的要求，他的身体乐意尽其所能去做任何事情。他头脑明智，逻辑清晰，他身体所有的机能和力量就如同机车一样，根据其精神的命令准备随时接受任何工作，无论是编织蜘蛛网这样的细活还是铸造铁锚这样的体力活。"

年轻人情绪丰富不稳，自制力较差，往往从理智上也想自我锤炼，积极进取，但在感情和意志上控制不了自己。专家们认为，要成为一个自制力坚强的人，需做到以下几点：

1. 自我分析，明确目标

一是对自己进行分析，找出自己在哪些活动中、何种环境中自制力差，然后拟出培养自制力的目标步骤，有针对性地培养自己的自制力；二是对自己的欲望进行剖析，扬善去恶，抑制自己的某些不正当的欲望。

2. 提高动机水平

心理学的研究表明，一个人的认识水平和动机水平，会影响一个人的自制力。一个成就动机强烈，人生目标远大的人，会自觉抵制各种诱惑，摆脱消极情绪的影响。无论他考虑任何问题，都着眼于事业的进取和长远的目标，从而获得一种控制自己的动力。

3. 从日常生活小事做起

高尔基说："哪怕是对自己小小的克制，也会使人变得更加坚强。"人的自制力是在学习、生活工作中的千百万小事中培养、锻炼起来的。许多事情虽然微不足道，但却影响到一个人自制力的形成。如早上按时起床、严格遵守各种制度、按时完成学习计划等，都可积小成大，锻炼自己的自制力。

4. 绝不迁就让步

培养自制力，要有毫不含糊的坚定和顽强。不论什么东西和事情，只要意识到它不对或不好，就要坚决克制，绝不让步和迁就。另外，对已经作出的决定，要坚定不移地付诸实践，绝不轻易改变和放弃。如果执行决定半途而废，就会严重地削弱自己的自制力。

5. 经常进行自警

如在学习过程中忍不住想看电视时，马上警告自己，管住自己；当遇到困难想退缩时，不妨马上警告自己别懦弱。这样往往会唤起自尊，战胜怯懦，成功地控制自己。

6. 进行自我暗示和激励

自制力在很大程度上就表现在自我暗示和激励等意念控制上。意念控制的方法有：在你从事紧张的活动之前，反复默念一些树立信心、给人以力量的话，或随身携带座右铭，时时提醒激励自己；在面临困境或身临危险时，利用口头命令，如"要沉着、冷静"，以组织自身的心理活动，获得精神力量。

7. 进行松弛训练

研究表明，失去自我控制或自制力减弱，往往发生在紧张心理状态中。若此时进行一些放松活动、按摩、意守丹田等，则可以提高自制水平。因为放松活动可以有意识地控制心跳加快、呼吸急促、肌肉紧张这些过程，获得生理反馈信息，从而控制和调节自身的整个心理状态。

第六章　让优秀意志成为习惯

　　一个人能否取得应有的成就，取决于他是否有一定的决断力，不是软弱而是坚定不移的决心，不是犹豫不决的目标而是不屈不挠的意志，这种意志力可以让人排除千难万难，如同一个小男孩子在冬天里走过漫天雪地之后，他的眼里和头脑中便充满了自信和激情。意志力能够让人变得伟大起来。

——艾柯·马弗尔

优秀意志打造良好的学习习惯

　　一般来说，人的智力不相上下，在同等条件下，只有勤奋的人才能取得成功。无论是谁，无论他处在什么样的条件下，只要他能专心致志，勤学苦练，他就定会有成功的一天。

学识与经验是成功的宝贵资本

　　平时积累了学识与经验，在危急关头，这一切就成了我们一个最有力的支持者。

　　一个建筑师，他只需拿出一半的学识，就足以应付平时的工作，但到了重要关头时，就非搬出他所有的技巧、学识与经验全力以赴地应付不可。到那时，他所有的"资本"才会显露真相。又如一个商人，平时他尽可不显身手，随意经营，但绝不能一如既往，他必须在经营生意的同时，为自己的将来练就更大的本领，以便在日后的生意场上遇到不利之事时搬出来应用。同样地，一个青年初入社会时，也必须不断地学习各种知识，在初创事业时，也许只需一部分学识便足够，但当事业渐渐发展起来的时候，就必须把所有的学识和经验都搬出来应用了。

如果你做事总是没有进步，这是影响你前途的最大障碍。当你初离校门时，你也许雄心万丈，抱着很大的希望，准备贡献一切力量，成就一番伟大的事业；或者打算努力学习，以求得进步；或者准备开始过一种愉快的社会生活，组织一个温馨的小家庭。可是等到你的工作一开始，一切外界的诱惑就纷沓而来，它使你再也不能安心学习和工作，甚至把你拖入堕落的深渊。如果你对自己的工作总是无法感兴趣，可以说你的一生就完了，人生中的一切愉快、幸福、安乐都不会靠近你。除非你猛然醒悟，下定决心，重新踏上力求进取的人生轨道。否则，你的年纪渐增，才能渐退，就只好过着一种失败的生活了。

逐步积累起来的学识与经验，是成就事业的资本，它将使你终身受用。你要储存这些资本，就必须集中精力、毫不懈怠、积年累月地去做。这样累积起来的资本才能称作无价之宝，所以你必须趁年轻时，把握岁月刻苦学习，否则你将来一定会后悔的。

现在就下定决心！无论你此时是什么样的状况，千万不要忘记"力求上进"，你要将生命中的每一天、每一时、每一刻都用在学识与经验的积累上。你的学识、经验、思想，一样都不能停止进步，如果你确实努力去做了，那么即使到了经济失败、命运不好、工作受阻的地步，你还能发挥蕴藏在你体内的力量，以求得改变并过上理想的日子。有了真才实学，一切险恶不幸、重重阻挠都不在话下，你无须有大笔财富，世人仍然尊重你、认可你。你体内蕴藏的财富——学识与经验，是任何人都无法抢走的最大资本。

古语云：活到老，学到老。人的一生都伴随着学习，一个善于学习的人，才能掌握比别人更多的知识。

1. 学会在逆境中读书

任何成功的人在达到成功之前，没有不遭遇过失败的。爱迪生在历经 1 万多次失败后才发明了灯泡，而沙克也是在试用了无数介质之后，才培育出小儿麻痹疫苗。

挫折是你发现思想的特质。如果你真能了解这句话，它就能调整你对逆境的反应，并且能使你继续为目标努力。挫折绝对不等于失败，除非你自己这么认为。

爱默生说过："我们的力量来自我们的软弱，直到我们被戳、被刺，甚至被伤害到疼痛的程度时，才会唤醒隐藏着神秘力量的愤怒。伟大的人物总是愿意被当成小人物看待，当他坐在占有优势的椅子中昏昏睡去时，当他被摇醒、被折磨、被击败时，便有机会可以学习一些东西了。此时他必须运用自己的智慧，发挥他的刚毅精神，才会了解事实真相，从他的无知中学习经验，治疗好他的自负精神病。最后，他会调整自己并且学到真正的技巧。"

然而，挫折并不保证你走向成功，它只是提供成功的种子，你必须找出这颗种子，并且以明确的目标给它养分并栽培它，否则，它不可能开花结果。上帝永远不欣赏那些企图不劳而获的人。

你应该感谢你所处的不利环境，因为如果你没有和它作战的经验，就不可能真正了解它。

约翰经营一座农场，当他因为中风而瘫痪时，就是靠着这座农场维持生活的。

由于他的亲戚们都确信他已经没有希望了，所以他们就把他搬到床上，并让他一直躺在那里。虽然约翰的身体不能动，但是他还是不时地在动脑筋。忽然间，一个念头闪过他的脑海，而这个念头注定了要补偿他不幸的缺憾。

他把他的亲戚全都召集过来，并要他们在他的农场里种植谷物。这些谷物将用作一群猪的饲料，而这群猪将会被屠宰，并且用来制作香肠。几年后，约翰的香肠已被陈列在全国各商店出售，结果约翰和他的亲戚们都成了富翁。

当你遇到挫折时，切勿浪费时间去计算你遭受了多少损失，相反地，你应该算算看，你从挫折中可以得到多少收获和资产。你将会发现你所得到的，会比你所失去的多得多。

2. 学以致用

"读万卷书，行万里路"，是说人要有较多的学识和丰富的经验，也是要人们能将理论与实际联系起来，学以致用，善于利用知识处理各种情况。丰富的经验也是成大事者不可或缺的资本，特别是年轻人，由于涉世未深，他们的经验一般较少，这就要求他们不但要注意书本知识的积累，也要注重现实生活中的知识积累。

时代的发展促使人们打破了往日对知识的理解。

人们已认识到，知识并不等于能力。21世纪对能力界限的新要求迫使人们重新审视自己所学的知识。但不管时代怎样发展，我们都应保持清醒的头脑，必须清晰明了地理解知识与能力的关系。

培根提出"知识就是力量"的口号以后，又明确地指出："各种学问并不把它们本身的用途教给我们，如何应用这些学问乃是学问以外的、学问以上的一种智慧。"也就是说，有了同等知识，并不等于有了与之同等的能力，掌握知识与运用知识之间还有一个转化过程，也就是学以致用的过程。

如果有知识不知应用，那么拥有的知识就只是死的知识。死的知识不但没有一点益处，有时还可能有害。

因此，在学习知识时，不但要让自己的头脑成为知识的仓库，还要让它成为知识的熔炉，把所学知识在熔炉中消化、吸收。

结合所学的知识，参与学以致用的活动，提高自己运用知识的能力，使学习过程转变为提高能力、增长见识、创造价值的过程。

要想正确地做到学以致用，应加强知识的学习和能力的培养，并把两者的关系调整到最佳位置，使知识与能力能够相得益彰，共同促进，发挥出前所未有的潜力和作用。

如果你想把书上的知识变成自己的理论，就必须把书上的知识与自己的生活（工作）经验相结合，使之成为一个全面的认识。否则，书本上的知识就是片面无用的知识。

要想做到学以致用，不仅应苦读与爱好、兴趣、职业有关的"有字之书"，同时还应该领悟生活中的"无字之书"。

读书的目的就在于在实践中应用，在于指导人们的生活，读书若不与实际相联系，是毫无用处的。最为行之有效的读书方法便是理论与实际相联系地读书。

正是为了让知识造福于自己，我们才对知识进行学习和掌握。如果不学以致用，那么再好的知识也是一堆废物。

南宋著名爱国诗人陆游曾写诗对他的儿子进行劝勉道："古人学问无遗力，少壮功夫老始成。纸上得来终觉浅，绝知此事要躬行。"

如果你不以纸上或"有字之书"上的东西为满足，那么就应把书上的知识运用到实际中去，这样可培养沉稳的性情，可为社会创造财富，并在学以致用中获得更丰富的知识。

利用零碎时间给自己充电

自强不息、随时求进步的精神，是一个人卓越超群的标志，更是一个人成功的征兆。

从一个人怎样利用他的零碎时间上，怎样消磨他冬夜黄昏的时间上，就可以预言他的前途。

一个人，只要能利用有限的零碎时间去读书，总会取得很大的成就，可恰恰相反，很多人却浪费了这些空闲时间，到头来等待他的肯定不会是成功。

人类历史上教育的价值之高，莫过于今天。今天的社会中，竞争非常激烈，生活更显艰难。所以，就更要求人们善于利用时间，来增加自己的知识。

许多人最大的弱点就是想在顷刻之间成就丰功伟绩，这显然是不可能的。其实，任何事情都是渐变的，只有具有持之以恒的精神，只有一步一步地增加知识的做法，才能有助于一个人最后达到成功。

大部分人无意多读书、多思考，无意在报纸、杂志、书本当中尽量汲取各种宝贵的知识，而是把宝贵的时间耗费在无谓的事情上，实在是一件最可惜、最痛心的事。他们不明白，知识是无价之宝，能使人们获得无限的财富。

在当今时代，你如果不每天学习，不断充电，那么很快就会被发展的社会所淘汰。因此，无论在何时何地，每一个现代人都不要忘记给自己充电。只有那些随时充实自己、为自己奠定雄厚基础的人，才能在竞争激烈的环境中生存下去。

从同样的起点开始工作，有些人能立刻掌握要领而展开工作，虽然这种人很难得，但他们往往自恃能力强，放弃了充实自己的机会，甚至退步变坏。

与此相反，那些起先摸不清情况而不顺畅的人如果多方请教，同时自己也认真用功并继续保持这种态度，大多会获得很大的成果。孔子云：我非生而知之者，好学而已。这样的对比说明，不断学习是决定你能否成就事业的一个关键性因素。

人的成长是在许多人的帮助与指导下进行的。比如双亲、师长、朋友等，我们要对这种帮助与教导主动去学习吸收。

大多数人从学校毕业后进入社会就停止了学习，这种人以后都不会再有什么进步的。反之，那些走出校门，而从不间断学习的人，才会最终大器晚成。

所谓"大器晚成"的人必是那种保持自觉学习态度的人，他们勤奋地学习，踏实地进步，自身实力与日俱增，每天都面临着新情况、新挑战。每天都要面对新事物，学习与生活同在。

一份工作，许多人干一段时间就觉得没意思了，想换一份。而换工作是有条件的，有实力才能换工作，而实力来自你自己。现代社会的机会很多，你只要天天学习，就会天天有进步，天天有机会，你的生活也就会生机勃勃。

你要有一股拿生命做赌注的热忱，并把自己的使命刻在心里，为了完成使命，你必须学会全力以赴地去做、去学、去充电，生命力才会更加强大，你的"能量"才会不断地得到补充，才能让生命更有意义。

用正确的方法提高学习质量

提高学习质量也是在提高自身意志力，掌握读书和自学的方法，能对学习习惯的养成和良好意志力的提升有很好的促进作用。

1. 读书的方法

（1）"善诵精通"。扬州八怪之一的郑板桥不仅是著名的画家，而且在诗、书方面也有很高的造诣。他曾这样描述过他读书时的情景："人咸谓板桥读书善记，不知非善记，乃善诵耳。板桥每读一书必千百遍，舟中、马上、被底，或当食忘匕箸，或对客不听其语，并非自忘其所语，皆记书默诵也。"

这段话告诉我们这样一件事，郑板桥读书是非常刻苦的。他在《潍县署中寄舍弟墨弟一书》中还有一段话与之相印证，在信中他是这样对他的弟弟们说的："读书以过目成诵为能，最是不济事。眼中了了，心下匆匆，方寸无多，往来应接不暇，如看场中美色，一眼即过，与我何与也。千古过目成诵，孰有如孔子者乎？读《易》至韦编三绝，不知翻阅过几千几百遍来，微言精义，愈探愈出，愈研愈入，愈往而不知其所穷。虽生知安行之圣，不废困勉下学之功也。东坡读书不用两遍，然其在翰林读《阿房宫赋》至四鼓，老吏苦之，坡洒然不倦。岂又是过即记，遂了其事乎！"

可以看出郑板桥不推崇"过目成诵"，而是主张经常诵读，只有在不断地反复吟诵之间才可能体会出书中言语的真义来。"书读百遍，其义自见。"郑板桥认为只有这样，才可以达到"愈探愈出，愈研愈入，愈往而不知其所穷"的境界。

郑板桥要求善诵的同时，还主张"学贵专一"，即读书不能泛泛而读，毫无目的，而应该有选择，有针对性。

他不赞成盲目地胡乱背诵记忆。无所不诵，是读书治学的一大陋习；无所不诵的人，就是一个十足的钝汉！

郑板桥在读书的学以致用之中总结出了"善诵精通"的读书方法，他认为读书必须有一定的方法，要讲究"善"与"精"。

（2）回忆法。所谓回忆读书法是指在无书的情况下回忆、体味自己曾经读过的书。

近代作家巴金先生在这方面便有独到的见解，他曾在《读书》杂志上撰文说道："我第二次住院治疗，每天午睡不到一小时就下床坐在沙发上，等候护士同志两点钟来量体温。我坐在那里一动不动，但并没有打瞌睡。我的脑子不肯休息，它在回忆我过去读过的一些书、一些作品，好像它想在我的记忆力完全衰退之前，保留下一点美好的东西。"这种做法就是回忆读书法的最好的例子。

这种有意识、有计划地在头脑里"储书"，是读书治学必不可缺的基础性工程。巴金的回忆读书法也是值得我们每一个人借鉴的。

（3）多读、多写、多想、多问。

所谓多读，有两层含义：一是指读的书数量多，内容广；二是指对有价值的文献书籍读的次数多，以至"滚瓜烂熟"的境地。

伟人毛泽东对读过的一些散文和诗词经常能达到脱口背诵的程度，在晚年时还能轻松地背诵500多首古诗词。他对很多小说的重要段落，也经常能一字不差地背下来。许多在他周围工作的大学生都自叹不如。

毛泽东一生酷爱的史书，便是一套线装的《二十四史》，它陪伴了他几十年，无数次的翻阅，使得这套书的封面都被磨破了。

到1975年，毛泽东已病魔缠身，就连写字时手都打战，但是他还在许多书上亲手写下"1975.7再读""1975.9再读"等字样。他对司马光的《资治通鉴》尤为喜爱，在一生中他竟将《资治通鉴》通读了17次之多，而且在其中做了大量的批注。

毛泽东说："不动笔墨不读书。"可见，做笔记、写随感等也是读书的重要方法。毛泽东动笔的形式是多种多样的。

年轻时，他在课堂上听讲时写"课堂录"，在课后自修时写"读书录"，另外他还有选抄本、摘录本等。他在读过的许多有价值的书中的重要部分都画了各种符号，丰泽园的图书室里他圈点批画过的书就有1.3万余册。

例如：《伦理学原理》全书总共有10万多字，但是，毛泽东用小楷在书的空白处写的批语就多达1.2万字。

读《辩证法唯物教程》时，他用毛笔和红蓝色铅笔在书眉处也写下了将近1.3万字的批语。他在延安读了艾思奇的《辩证法》一书后，就专门写了一篇读书笔记，写出了该书的提要和自己对该书的看法。毛泽东还有一个习惯就是写读书日记，上面写着书中的一些错误等，从中我们可以看出他钻研的深度与治学的严谨。

读书时的多想，是指读书时不仅要准确把握作者的思想，同时也要将自己的观念与其对照，并将自己对书的一些看法用笔"谈"出来，似乎与作者切磋一般。这种"笔谈"使读书变成了反复思考的过程。

毛泽东之所以能提出许多新颖的见解和精辟的评价，这些见解和评价都是他熟读精思的结果。

毛泽东常说：学问，讲的是又"学"又"问"。我们做学问时，不但要好学，还要好问。

毛泽东青年时代就养成了勤学好问的习惯，成为中国的领导人之后，他仍然保持着这种多问的学风。他遇到不懂的问题后，要么读一些通俗的小册子，要么就请教专家，或者查工具书。他就是这样通过多问来不断获取知识的。

（4）追本溯源法。在读书时发现问题后，与多种与之相关的书相联系，经过详细的分析、比较、求证之后，求得一个合理解释的读书方法，这就是所谓的追本溯源读书法。

清代袁枚在《随园诗话》里曾批评毛奇龄错评了苏轼的诗句。

苏轼在诗中说道："春江水暖鸭先知。"毛奇龄评道："一定是鸭先知，难道鹅不知道吗？"

袁枚对毛奇龄的评语觉得既好气又好笑，如果要照毛奇龄的理解，那么《诗经》里的"关关雎鸠，在河之洲"也是一个错误了，难道只有雎鸠，没有斑鸠吗？

袁枚与毛奇龄的这场笔墨官司，到底谁是谁非，如果是一般人看看也就过去了，没有人会去深究。但钱钟书却没有就此罢休，草草了事，而要追本求源。

近代学者钱钟书先生把《西河诗话》卷五找了出来，看毛奇龄的原话：苏轼的诗模仿的是唐诗"花间觅路鸟先知"一句。寻路时，由于鸟熟悉花间的路，所以鸟比人先知。而水中的动物都可以感到冷暖，苏轼却说只有鸭先知，那就不对了。

按常理，比较严谨的人研究到这可能也会停止了，但钱钟书先生却没有就此打住。他又找来了苏轼的原诗《惠崇春江晚景》，诗中说道："竹外桃花三两枝，春江水暖鸭先知。"才知道苏轼的这首诗是为一幅画而作的，由于画面上有桃花、春江、竹子、鸭子，所以苏轼在诗中写道"鸭先知"。看来是毛奇龄错了。

为了将问题彻底弄清楚，钱钟书先生又找出了张渭的原作《春园家宴》，原作里写道："竹里行厨人不见，花间觅路鸟先知。"人在花园里寻路，不如鸟对路熟悉，这是写实。而苏轼在诗中说鸭先知，是写意，意在赞美春光，这是画面意境的升华，是诗人的独特感受，看来苏轼"鸭先知"之句无论从立意或是内涵来说都要比张渭之句高出一筹。

最后，钱钟书先生引用了《湘绮楼日记》中的"上上绝句"这句话来称赞苏轼，并指出毛奇龄只是会讲理学，讲诗往往别具心肠，卑鄙可笑，不懂得东坡的苦心。

从这一事例中我们不难得出钱钟书的读书方法——深钻细研，对各种相关作品相互参照相互比较，实事求是地对待各家之言。

钱钟书的读书方法，有助于读书人博采众长、举一反三，进行新推理和新想象等多种思维的锻炼；有助于培养读书人严谨求实的学习态度；有助于提高读书人慎思慎取的能力。

（5）"知人知文"法。以一本《废都》闻名于世的贾平凹先生在给他妹妹的信中提到了知文知人读书法。读文学作品时，如果是知文的作品，就要精读，多读几遍；如果是知人的作品，就要泛读，读这个作家的所有作品及其评论文章等。

就第一个问题，他认为："你若喜欢上一本书，不妨多读。第一遍可囫囵吞枣，这叫享受；第二遍静心坐下来读，这叫吟味；第三遍便要一句一句想着读，这叫深究。三遍读过，放上几天，再去读读，常又会有再新再悟的地方。只有这样，才可能把握整本书的精髓。"

对于第二个问题，他说："你真真正正爱上这本书了，就在一个时期多找些这位作家的书来读，读他的长篇，读他的中篇，读他的短篇，或者散文，或者诗歌，或者理论，再读别人对他的评论和为他所写的传记，也可再读读和他同期作家的一些作品。"因为这样做往往会比只看作家的全部作品有效率得多，它能使你对作家有一个更为完整与深刻的了解。

贾平凹先生还指出："对于这样，你知道他的文了，更知道他的人了，明白当时是什么社会，文坛如何，他的经历、性格、人品、爱好等是怎样促使他的风格的形成。"倘若你在读书时能够做到知文知人，那么你的理解能力、欣赏能力和创作能力也会相应地得到提高。

他经常对人说，读书应该持继承的态度，万万不可"跪倒"读，对任何作家作品绝无例外。

其实，任何一个大家的作品，你只能继承，不能重复，你在读他的作品时，就将他拉到你的脚下来读。这不是狂妄，这正是知其长，晓其短，学精神而弃皮毛啊。虚无主义可笑，但全然跪倒在他人的脚下来读，他可以使你得益，也可以使你受损，你就永远在他的屁股后面了。

读书要取其精华，去其糟粕，从而扬长避短，只有这样，才能达到继承和创造的读书目的。

总结一下，贾平凹先生的这种读书方法，其重点就在于"知文知人，学以致用"。他将博与专、学与创相结合，不仅仅对于那些爱好文学的人有帮助，对于有其他爱好的人也一定大有裨益。

2. 自学的方法

除了掌握上面提到的"读书方法"之外，自学也应该是任何一个有志于成功的人必须掌握的方法。从古至今，人类积累了大量的自学经验，有一些被实践反复检验证明为极有成效的学习方法，现摘要介绍如下：

（1）问题导向学习法。问题导向学习法是指学习者把自己在学习过程中所遇到的一系列小问题作为具体的目标，并给它们输入相应的知识，最终实现总的学习目标。这样，学习者在整个学习中就始终是处在问题的引导下，而带着问题来求解了。

运用这一方法的要求是：学习者不断提出问题，并不断通过学习去求解，促使思维运动，从而达到积极投入、主动参与的目的，明显提高学习效率。

（2）设问推理学习法。运用这一方法的要求是：学习者对正在学习的知识，多问几个为什么，并且推敲其立论的依据，让学习者在不断的分析中吸收知识。

设问的方式主要有以下几种：

①比较设问——通过比较发现差异，提出疑问。

②反向设问——从反面提出问题。

③推理设问——进行一般的逻辑推理，看看是否有足够的说服力。

④变式设问——改变起因、角度、条件等因素，看看结论有何不同。

⑤极端设问——把事情推向极端，看看会暴露出什么样的问题。

（3）SQ3R 五步法。此方法备受学习者的青睐，是应重点掌握的一种方法。SQ3R 是英文 Survey（纵览）、Question（提问）、Read（精读）、Recite（复述）、Review（复习）的词头缩写，相应地有五个步骤：

①纵览——拿起一本书后，先大概地浏览一遍，了解全书内容，可以试着读一下作者的序言，研究一下书的目录和索引，看一看各章的介绍。这时，学习者要记得自己的学习目的，如果发现这本书与目的不符，或文笔不好，或难度太大，则要马上停止。

②提问——快速地浏览全书，并不断地给自己提出问题，思考书中提出的那些观点。在一些文笔好的书中，作者往往用一些明确的问题作为下面内容的"引子"，或者让你在读书时始终面临一些问题的情景。凡有头脑的人是不会只是一味地"读书"的，如果你能坚持带着问题去读，很快你就会养成用批判的眼光读书的习惯。

③精读——从头到尾一字不漏地读全书，对不理解的部分可反复阅读。阅读时，要记住各部分的主题和重点。读的过程中还要经常翻到前面的内容，以便回忆起某些事实。如果书中有大量的图表，若把它们忽略的话，你就往往不能掌握作者那些最主要的观点。

④复述——读书不是指字句的死记硬背，而是要牢固地掌握文章的基本要点。复述时，要把书放在一边，努力去想读过的内容。复述本身并无价值，但是你如能借此积极主动地阅读，那么每次复述都会加深对材料的理解。

⑤复习——一般在上一阶段结束一两天后进行，三四天后再进行一次。我

们都有这样的经历：学过的许多细节在记忆中消失得非常快，常常大约在一小时之内就都忘记了。为了防止过早发生遗忘的情况，你就要尽早地进行温习。如果你觉得这样做太乏味，那么你可以读一读有关书本里的内容，通过补充和注释来加深你的理解。

一般来说，SQ3R 法适用于精读。为了更好地体会这五个步骤，你可以挑选几部值得精读的书，仔细地、一步一个脚印地试几次，直到这种学习方法成为你的自觉行为。

（4）流行于美国的 LOVE 法。这是深受美国人喜爱的一种学习方法，LOVE是英文 Listen（听）、Outline（写）、Verbalize（表述）、Evaluate（评价）四个词的词头缩写。运用这一方法，要求有两个或两个以上的人参加，具体做法如下：

①听：一个人以缓急相适的速度朗读，直到读完某一部分，由其他人认真地听和摘要地记；听者可以要求朗读的人改变速度，或者要求朗读者重复某些内容，朗读者应尽量满足听者的要求。

②写：当朗读完后，听者要摘要写出内容的纲要，尽量做到条理清晰，突出重点。

③表述：听者以纲要为基础，向读者复述这些内容，要尽可能详细、准确、全面。

④评价：读者根据材料评价复述的准确性和完整性，在发现错误时，及时予以更正。

当这一部分的内容完全掌握以后，再进行下一部分。这时，可互换角色。

这种学习方法的优点是：突出了学习上的互帮互助，并利用活泼的形式，激发出许多精神能量，直接面向重点，有效地增加记忆效果。

学习者本人应根据一定的标准，采用一定的方法，对自己想取得的和已取得的学习效果之间的差异进行分析和评价，以找出经验和教训。

优秀意志培养精明的理财习惯

如果你养成了节俭的习惯，就意味着你证明了自己具有控制自己欲望的能力，意味着你已开始主宰你自己，意味着你正在培养一些最重要的个人品质，即自力更生、独立自主、自律自强。换言之，就表明了你有了坚强的意志力，你是一个非同一般的人。

在现代社会的节奏下，许多人都没有理财的概念，认为理财是有钱人的游戏，对于金钱有多少用多少，结果总有青黄不接的情况发生，面临坐吃山空的窘境，因此，我们每个人一定要下定决心做好理财。其实理财并不是一件困难的事情，而且成功的理财还能为你创造更多的财富，越是成功者就越重视理财，理财蕴藏有许多的乐趣与好处，那么我们为什么不赶快行动呢？

要理财就必须树立明确的理财目标。

孙中山先生曾说："伟大的目标才能产生伟大的精力。"的确，树立明确的理财目标，能燃起人追求财富的欲望。希尔顿的成功，就是因为他不断地给自己下目标，实现一个再定下一个，永不停止地奋斗，放眼世界，将征服世界作为他的终极目标，而奋力拼搏获胜的。

任何一个人，对于任何一件事，没有目标就会没有方向，没有规划就没有步骤，追逐财富也要有具体的目标，但是追逐财富不是目标越高就越好，它必须根据自己的实际而确立，确立了目标，就是选择了财富的方向，选择了方向，实际上就选择了致富的道路。

条条大路通罗马，每个行业可致富，我们只有选择了合适的致富道路，才有可能达到创富的目标。因此，制订一个经过努力能够实现的财富目标就特别的重要。

财富就像一棵树，是从一粒小小的种子长大的，你如果在生活中制订一个适合于自己的财富目标，你的财富就依照目标慢慢地增长，起初是一个种子，而在种子长成参天大树时，你就会渐渐发现，制订一个财富目标对自己的财富增长是多么的重要。

有了适度的财富目标，并以此目标来主导进军财富的行动，才有可能到达幸福的彼岸。

打理财富计划表是重大财务活动，必须要有目标，没有目标就没有行动、没有动力，盲目行事往往成少败多。

一般来说，确立任何目标都需要考虑再三，在考虑的过程中，就必须遵循以下几个原则：

首先是具体量度性原则。如果财富的目标是"我要做个很富有的人""我要发达""我要拥有全世界""我要做李嘉诚"……那么我们可以肯定你很难富起来，因为你的目标是那么抽象、空泛，而这是极容易移动的目标。最重要的是要具体可数，比如，你要从什么职业做起，要争取达到多少收益，等等。此外，这个目标是否有一半机会成功，如果没有一半机会成功的话，请暂时把目标降低，务求它有一半成功的机会，在日后当它成功后再来调高。

其次是具体时间性原则。要完成整个目标，你要定下期限，在何时把它完成。你要制订完成过程中的每一个步骤，而完成每一个步骤都要定下期限。

最后是具体方向性原则。也就是说，你要做什么事，必须十分明确执着，不可东一榔头西一棒，朝三暮四。如果你有一个只有一半机会完成的目标，等于有一半机会失败，当中必然遇到无数的障碍、困难和痛苦，使你远离或脱离目标路线，所以必须确实了解你的目标，必须预料你在完成任务过程中会遇到什么困难，然后逐一把它详尽抄录下来，加以分析，评估风险，把它们依重要性排列出来，与有经验的人研究商讨，把它解决。

对于李嘉诚这个名字，人们都不会陌生，但关于他经营财富的过程，可能不是很清楚。李嘉诚童年时过着艰苦的生活。在他 14 岁那年（1940 年），正逢中国战乱，他随父母逃往香港，投靠家境富裕的舅父庄静庵，但不幸的是不久父亲因病去世。

身为长子的李嘉诚，为了养家糊口同时又不依赖别人，决定辍学，他先在一家钟表公司打工，之后又到一塑胶厂当推销员。由于勤奋上进，业绩彪炳，只两年时间便被老板赏识，升为总经理，那时，他只有 18 岁。

1950 年夏天，李嘉诚立志创业，向亲友借了 5 万港元，加上自己全部积蓄的 7 000 元，在筲箕湾租了厂房，正式创办"长江塑胶厂"。

有一天，他翻阅英文版《塑胶》杂志，看到一则不太引人注意的小消息，说意大利某家塑胶公司设计出一种塑胶花，即将投放欧美市场。李嘉诚立刻意识到，战后经济复苏时期，人们对物质生活将有更高的要求，而塑胶花价格低廉，美观大方，正合时宜，于是决意投产。他的塑胶花产品很快打入香港和东南亚市场。同年年底，随着欧美市场对塑胶花的需求越来越大，"长江"的订单以倍数增长。到 1964 年的时候，前后 7 年时间，李嘉诚已赚得数千万港元的利润；而"长江"更成为世界上最大塑胶花生产基地，李嘉诚也赢得了"塑胶花大王"的美誉。不过，李嘉诚预料塑胶花生意不会永远看好，他更相信物极必反。于是急流勇退，转投生产塑胶玩具。果然，两年后塑胶花产品严重滞销，而此时"长江"却已在国际玩具市场大显身手，年产出口额达 1 000 万美元，为香港塑胶玩具出口业之冠。

随着他的财富增长，20 世纪 70 年代初，他就拥有楼宇面积共 630 万平方英尺（1 平方英尺≈0.09 平方米），1990 年后，李嘉诚又开始在英国发展电讯业，组建了 Orange 电讯公司，并在英国上市，总投资 84 亿港元。到 2000 年 4 月，他把持有的 Orange 四成多股份出售给德国电讯集团，作价 1 130 亿港元，创下香港有史以来获利最高的交易纪录。Orange 是 1996 年在英国上市的，换言之，李嘉诚用了短短 3 年时间，便获利逾千亿港元，使他的资产暴升一倍。进入

2000 年，李嘉诚更以个人资产 126 亿美元（即 983 亿港元），两度登上世界 10 大富豪排行榜，也是第一位连续两年榜上有名的华人。在这期间李嘉诚多次荣获世界各地颁发的杰出企业家，还五度获得国际级著名大学颁授的荣誉博士学位。

经过 20 多年的"开疆辟土"，李嘉诚已拥有 4 间蓝筹股公司，市值高达 7 810 亿港元，包括长江实业、和记黄埔、香港电灯及长江基建，占恒生指数两成比重。集团旗下员工超过 3.1 万名，是香港第 4 大雇主。1999 年的集团盈利高达 1 173 亿港元。

从这个故事中，我们明白地看到，财富的增长，很大程度上取决于有了目标，在目标指引下敢于冒险，不断地进行投资，不断增长财富，同时也要把握住不同的机遇。

当然，要科学理财光有目标是不够的，还得制订合理的理财计划。

一般来说，一个完备的理财计划包括七个方面：

（1）职业计划。选择职业是人生中第一次较重大的抉择，特别是对那些刚毕业的大学生来说更是如此。

（2）消费和储蓄计划。你必须决定一年的收入里有多少用于当前消费，多少用于储蓄。然后编制相关的资产负债表、年度收支表和预算表。

（3）债务计划。很少有人在他的一生中能没有债务。债务能帮助我们在长长的一生中均衡消费，但我们对债务必须加以管理，使其控制在一个适当的水平上，并且债务成本要尽可能降低。

（4）保险计划。随着你事业的成功，你拥有越来越多的固定资产：汽车、住房、家具、电器，等等，这时你需要更多的财产保险和个人信用保险。为使你的子女在你离开后仍能生活幸福，你需要人寿保险。更重要的是，为了应付疾病和其他意外伤害，你需要医疗保险。

（5）投资计划。当我们的储蓄一天天增加的时候，最迫切的就是寻找一种投资组合，能够把收益性、安全性和流动性三者兼得。

（6）退休计划。退休计划主要包括退休后的生活需求及如何在不工作的情况下满足这些需求。要想退休后生活得舒适、美满，必须在有工作能力时积累一笔退休金作为补充，因为社会养老保险只能满足人们的基本生活需要。

（7）所得税计划。个人所得税是政府对个人成功的分享。在合法的基础上，你完全可以通过调整自己的行为达到合法避让的效果。

居家过日子，同样的钱，会买和不会买相差很多。这里就存在一个如何花钱的问题，你希望你的资金得到最大限度的利用吗？只有在恰当的时间买到适合的物品才能算是钱花对了地方，只要学会花钱，把钱花在最需要的地方，你就会发现情况会大有不同。

英国著名文学家罗斯金说："通常人们认为，节俭这两个字的含义应该是'省钱的方法'；其实不对，节俭应该解释为'用钱的方法'。也就是说，我们应该怎样去购置必要的家具，怎样把钱花在最恰当的用途上，怎样安排在衣、食、住、行以及教育和娱乐等方面的花费。总而言之，我们应该把钱用得最为恰当、最为有效，这才是真正的节俭。"

要想做到把钱花在刀刃上，那么对家中需添置的物品就要做到心中有数，就要经常留意报纸的广告信息。比如，哪些商场开业酬宾，哪些商场歇业清仓，哪里在举办商品特卖会，哪些商家在搞让利、打折或促销等活动。掌握了这些商品信息，再有的放矢，会比平时购买实惠得多。

要培养节俭的习惯，但同时也要注意绕开节俭的沼泽地。"没有投资就没有回报""小处节省，大处浪费"，还有许多家喻户晓的谚语都反映了错误的节约不仅无益反而有害的常识。

有些人浪费了大量的时间，用错误的方法来节省不该节省的东西。曾经有个老板制定了这样一条规矩，要他的员工不顾一切地节省包装绳，即使要耗费大量的时间也在所不惜。他还要求尽量省电，而昏暗的店面让许多顾客望而止步。他不知道明亮的灯光其实是最好的广告。

你不能以心智的发展和能力的提高为代价来拼命节约，因为这些都是你事业成功的资本和达到目标的动力，所以不要因此扼杀了你的创造力和"生产力"。要想方设法提高你的能力和水平，这将帮助你最大限度地挖掘你的潜力，使你身体健康，感受到无比的快乐。

君子爱财，取之有道，用之有方。努力挣钱，把钱花在最需要的地方，其他的问题就能轻松解决了。生活中到处都需要我们花钱，而口袋里的钱是一定的，只有把钱花到最合适的地方，才能达到物尽其责。

优秀意志培养健康的生活习惯

一个人如果想成大事，他必须懂得"努力保持身心健康"，使力量达到顶点。他必须明白，强健的体魄可以使人们在事业上处处得到帮助。而那种以有气无力、萎靡不振的身躯去对付一切的人，永远不可能取得胜利。

世界卫生组织给健康下的最新定义是：健康是一种身体上、精神上的完全平衡状态。一个人只是身强力壮，没有器质性疾病，还不算完全健康；只有体格和心理两方面都健康的人，才算得上真正的健康。

身体和精神是息息相关的。一个有一分天才的身强体壮者所取得的成就，可以超过一个有十分天才的体弱者所取得的成就。体力与事业的关系非常重要。人们的每一种能力，每一种精神机能的充分发挥，与人们的整个生命效率的增加，都有赖于体力的旺盛。

体力的强旺与否，可以决定一个人的勇气与自信的有无；而勇气与自信，是成就大事业的必需的条件。体力衰弱的人，多是胆小、寡断、无勇气的人。

身体健康与否，可以决定一个人勇气与自信心之有无，而勇气与自信，又是成就任何事业必备的条件。身体衰弱的人，遇事往往畏缩、犹豫，绝少有创造的精神。失去了健康，生命会变得黑暗与悲惨，会使你对一切都失去兴趣与热诚。能够有一个健康的身体，一种健全的精神，并且能在两者之间保持美满的平衡，这就是人生最大的幸福！

健康是生命之源。健全的精神是成功圆满的前提；而健全的精神，寓于你健康的身体。如果一个人在做事的时候，有气无力，在血液里、大脑里，也没有多余的力量，那么每当大事来临，往往就无力应付。

要想在你的一生中取得成功，最重要的一点是每天都要以一副身强力壮、精力饱满的身体去对付一切。

既然身体健康对于我们如此重要，要想使自己更健康，更充满活力，我们应遵守以下这些原则：

1. 合理饮食

科学对于食物营养方面的资讯越来越丰富。你应该随时注意有关饮食的资讯，以下是几点可帮助你达到饮食平衡的方法：

（1）新鲜水果和蔬菜应该在所有食物中占最大比例，它们含有相当丰富的维生素和高效物质，而人体最容易吸收这些物质。

（2）你应多食的第二种食物就是碳水化合物，诸如面包、谷物和马铃薯等。

（3）鱼、瘦肉和乳酸等含有蛋白质的食物是非常重要的食品，但不宜暴食，每天吃少许即可。

（4）避免油性食物。限制牛油和食用油的食品，并且拒绝油炸食物，同时也应避免吃糖，如糖果和可乐之类。

此外，你还应摄取其他的食物，以供应身体不同的需要，不要偏食。还应该拒绝不当的饮食方法，切勿在生气、担惊受怕时吃东西，因为当你在备战状态时，你的身体便无法充分吸收所吃食物的营养，尤其不可养成一紧张就想吃东西的习惯，因为这样只会使你变胖。

适当地调整饮食习惯是非常重要的事，因为如果饮食过量的话，你的身体会承受过多的负荷，而且，沉溺于饮食会使你延误一些应该立即处理的问题。如果你无法控制自己的饮食，不妨请教专家协助你。

2. 睡眠时间要充足

你的身体需要为第二天的活动而充电，希望减少睡眠以增加白天工作时间的方式是最不明智的做法，一个人每天需要6~8个小时的睡眠。记住，即使当你睡着时，你的潜意识依然在持续活动。

失眠，通常是因为在睡觉前无法放松自己，因此切勿一直到你精疲力竭时才停止工作。你应该在一天快结束时，做一些你喜欢做，但又不会造成太大刺激的事情。你可以和你的另一半聊天、刷刷牙、整理床铺，这些动作会传达一种信息给你的身体，告诉它现在是睡觉的时候了。

3. 适量运动

最理想的情况，是把运动当作放松自己和娱乐的一种方式。放松和娱乐对你的思想能力有很大的影响，而运动除了能保持身体健康之外，对思想同样也会有所帮助。但你必须保持适量和适度，过量的运动反而会引起疲劳。

运动是身体和心理最好的刺激物，它对于清除负面影响因素方面有很大的帮助。体育训练已成为了解人类潜力的重要方法，并且可以培养出一些有助于你追求成功的技巧。

4. 放慢节奏

放松可使你完全忘记一天的烦恼和问题，虽然每个人都有放松的必要，但是就有人无法放松自己。

你的意识会把这一项目标作为你注意力集中的对象，这意味着你的内心已排除其他所有事情，因此，你不会因为躺在躺椅中说一声"我在放松自己"就能真正放松自己的，因为你的思想还是环绕着一个既定问题在转。你必须找一个放松的目标，并使你的注意力集中到它身上，才能达到真正放松的目的，例如，园艺、放风筝、读小说或做任何其他能吸引你注意的事情。

我们需要有一个健康而强壮的身心。这是可以做到的，只要我们能够过一种有节制、有秩序的生活。拥有健康并不能拥有一切，但失去健康却会失去一切。健康不是别人的施舍，健康是对生命的执着追求。

"身体素质的一半是心理素质。"心理健康既有心理因素，又有复杂的社会因素，管理者应该懂得一点心理学，确定目标应切合实际，保持良好的人际关系。这样有助于帮助自己和理解他人，对自己的能力给出适当的估计。管理者由于工作的特殊要求，应注意经常保持心情舒畅。常言道："生理卫生强身，精神卫生强心。"所以一定要调整自己各方面的身体机能，使之总处于最优化的工作状态。

第一，纠正人格障碍。人由于性格的不同可分成两种：心理健康的人和有人格障碍的人。拿破仑·希尔说，对有利于人们心理健康的事件能做出积极的反应，那就是心理健康，而有一部分人往往与常人对待问题的情况不同，他们一般不能适应环境，待人接物、为人处世都给人一种怪异的感觉，心理学上称其为人格障碍。人格障碍又称"心理病态人格"，即具有人格缺陷。

这种人对环境刺激作出固定的反应，在知觉与思维方面产生了适应功能的缺陷，或者反常增进的痛苦，并且倾向于作出对自己和社会都不公正、不恰当的行为模式。而不伴有精神症状的人格适应缺陷指的是在没有认知过程障碍或没有智力障碍的情况下作出的情绪反应、行为活动等的异常。

人格障碍是怎样形成的呢？经研究是压力形成了人格障碍。人格有相对的稳定性，一旦形成，要改变不是那么容易的。但是只要加强自我调节，积极配合各种治疗，个人也重视起来，缓解压力，人格障碍就可以慢慢得到纠正。

由于人的自我评价的障碍、行为方式障碍和情绪控制障碍等特点，往往主要表现为不能适应社会环境，对外界的信息不能作出适当的准确的反应，及时地协调自己的行动，从而造成行为的怪异、不合群。所以，最好的方法就是心理治疗，主要是经过各种训练使自己适应社会，建立自己的自信心。我们往往采取包括如何适应新环境、对职业选择的建议和指导等方法，调整其行为方式，调整与他人之间的关系，发挥其优点等措施。

第二，消除心理压力。压力是身体对一切加诸其上的需求所作出的无固定形式的反应。任何加于身体的负荷，不论是源于心理方面，还是源于物理因素，都是压力的来源——压力源，都会引起"一般适应综合征"。事实上，只要人们生活中必须扮演某种角色，而且又有许多自己不愿扮演的社会角色存在，就都会产生压力。

卡耐基在一项民意测验中指出，有43种生活事件的变化会给人们造成压力，其中包括贫困、失业、失恋、离异、丧偶、疾病等，而这种压力又主要来自于事业和感情生活两方面，尤其表现在前者。由于中青年是社会的中流砥柱，是社会财富的直接创造者，他们就可能面对更多的压力。

在赛利医生的应激学说中，压力的发展分为三个阶段：即初始警戒反应阶段、抗拒阶段和衰竭阶段。

初始警戒反应阶段，是由交感神经与副交感神经系统共同运用而产生作用的。这种反应，由交感神经刺激肾上腺素，同时由丘脑下部启动脑上垂体，产生了一种激素，肾上腺便会利用这种激素，调整身体做出适应性的防御措施。

若压力源只是威胁到局部范围，那么，破损的这一部分便会发炎，以起到封闭性的保护作用，便于免疫系统驱逐"侵犯者"，起到治愈受损组织的目的。如果威胁不限于局部，如心理方面的疾病或潜在的环境公害，一般适应综合征便会动员身体作最大的生理反应，这就是抗拒阶段。在这一阶段，有些人对压力源的心理反应犹如"斗士"，立刻将这种不良情绪排除；而另一些人是"躯体演化者"，他们拒绝体验压力带来的影响，将压力局限于体内某一处，那么就会产生头痛、背痛、消化不良或更严重的身心疾病；另外，还有被称为"心理演化者"的人，他们以忧愁、焦虑、消沉或慢性紧张来表现他们对于压力的抗拒。

如果疲劳的人得不到充分休息以恢复体内平衡，压力便会使人产生一系列的人格障碍，逐渐损毁身体情绪，造成身心崩溃，即进入衰竭阶段。

压力对身体有着不言而喻的消极作用，长期的心理压力，会逐渐形成一种不健康的心理，表现出人格障碍，会逐渐侵蚀人的身体情绪，造成不可挽回的损失。

要免除外界的刺激，必须对外界压力做出正确的认识，做好充分的思想准备，以积极乐观的态度正确对待它。很多成功者在开创事业时，没有一个不受到身体、财力等方面的压力的困扰。拿破仑·希尔少年时代，完全靠自己做新闻记者所得的收入支撑自己的学业。各种各样的压力虽然时不时地袭击他，但却也为他的奋斗生涯增添了不少光彩。一个人在生活中总会遇到各式各样的压力或打击，所以要正确对待压力，正确评估它对你的身心健康造成的影响，减少或避免不必要的压力对你身心造成的伤害。例如，某天你与老板争吵时，你不妨考虑一下，继续吵下去的结果肯定是被炒鱿鱼，你可以权衡一下是被炒鱿鱼造成的心灵上的压力大呢，还是忍让一下心理压力大？这两种危害你可以权衡取较轻的，你不难找出理智而又有利的解决方法。

既然压力如此有害于我们的身心健康，那么，应该采取怎样的应对方式呢？

一方面是身体方面的途径：强调持之以恒的运动，特别是做"有氧运动"。例如，游泳、跳绳、踩单车、慢跑、急步行走与爬山等。这些运动不仅能够让血液循环系统的运作更有效率，还能够强化我们的心脏与肺功能，直接地增强肾上腺素的分泌，使整个身体的免疫系统强大起来，从而有更强的"体质"去应付生活中随时可能出现的各种压力。

洛克菲勒、卡耐基等超级成功者都酷爱运动的原因即在于此。事实上，身体肌肉的劳动，能够让全身心得到松弛，并让大脑有一个恰当的休息机会。只有强健的身体，才是十足的成功的能源。

另一方面是心理方面的途径：心理学家视个人的情况而给予的个别指导和心理治疗，仍然是个人应付压力的最佳方法。他们也赞成利用有效的自助法来排除压力，例如，循序式肌肉放松法、静坐、自我催眠和吐纳练习（呼吸）等。

总之，压力管理就是一种积极应对外来刺激的方式，它包括对压力的了解、评价，从而达到缓解和避免压力的目的。

优秀意志培养时间管理习惯

合理安排时间，对于每一位渴望成功的朋友都很重要，因为合理安排时间等于是对你拥有的时间进行一次科学规划，这样你做起事来就会有条不紊，达到事半功倍的效果。

要想成功，就必须学会有效地管理时间。要想成为成功的时间管理者，不要畏难，不要苟安，应该竭力避免拖延的习惯，就像避免罪恶的引诱一样。

1. 明确目标，制订计划

时间管理的第一项法则是设定目标，制订计划。目标能最大限度地聚集你的资源（包括时间）。因此，只有目标明确，才能最大限度地节省和控制时间。

人生的道路，存在着时间与价值的对应关系。有目标，一分一秒都是成功的记录；没有目标，一分一秒都是生命的流逝。爱默生说："用于事业上的时间，绝不是损失。"

每天我们都应把目标记录下来，并且把行动与目标相对照。相信笔记，不要太看重记忆。养成"凡事预则立"的习惯。不要定"进度表"，要列"工作表"；事务要明确具体，比较大或长期的工作要拆散开来，分成几个小事项。

马丽凯说："每晚写下次日必须办理的6件要务。挑出了当务之急，便能照表行事，不至于浪费时间在无谓的事情上。"

确定每天的目标，养成把每天要做的工作排列出来的习惯。把明天要做的事，按其重要性大小编成号码。明天上午头一件事是考虑第一项，先做起来，直至完毕。接着做第二项，如此下去，如果没有全部做完，不要内疚，因为照此办法完不了，那么用其他办法也是做不了的。

记日志就是在善用生命、设计生命。伟人们都有把想法记录下来的习惯。他们用日志来记录当天的重要事件和学习心得，用日志来总结经验、反省过失，用日志来规划明天、明确目标，用日志来管理时间、集中精力、抓住大事……

一个成功的时间管理者也是善用日志来规划目标与计划的人。

2. 轻重缓急，主次分明

时间管理的第二项法则是"重要的事先做"。实际上，懂得美好生活的人都是明白轻重缓急道理的，他们在处理一年或一个月、一天的事情之前，总是先分清主次，进而安排自己的时间。"重要的事先做"就是要求我们做到：

（1）确定最重要的事

人们确定了事情的重要性之后，不等于事情会自动办好。你或许要花大力气才能把这些重要的事情做好。要确定最重要的事，你肯定要费很大的劲。商业及电脑巨子罗斯·佩罗说："凡是优秀的、值得称道的东西，每时每刻都处在刀刃上，要不断努力才能保持刀刃的锋利。"下面是有助于你做到这一点的三步计划：

第一步，你要从目标、需要、回报和满足感四方面对将要做的事情做一个评估。

第二步，删掉你不必要做的事，把要做但不一定要你做的事委托别人去做。

第三步，记下你为达到目标必须做的事，包括完成任务需要多长时间，谁可以帮助你完成任务等。

（2）分清事情的主次关系

在确定每一年或每一天该做什么之前，你必须对自己应该如何利用时间有更全面的看法。要做到这一点，有四个问题你要问自己：

我们要解决的第一个问题就是，明白自己将来要干什么。只有这样，我们才能持之以恒地朝这个目标不断努力，把一切和自己无关的事情统统抛弃。

第一，我要成为什么？我们每一个人来到这个世界上，都肩负着一个沉重的责任，按既定的目标前进。再过 20 年，我们每个人都有可能成为公司的领导、大企业家、大科学家。

第二，哪些是我非做不可的？我需要做什么？要分清缓急，还应弄清自己需要做什么。总会有些任务是你非做不可的。重要的是，你必须分清某个任务是否一定要做，或是否一定要由你去做。这两种情况是不同的。必须要做，但并非一定要你亲自做的事情，你可以委派别人去做，自己监督其完成便可。

第三，什么是我最擅长做的？人们应该把时间和精力集中在自己最擅长的事情上，即会比别人干得出色的事情上。关于这一点，我们可以回忆一下 80/20 法则：人们应该用 80% 的时间做最擅长的事情，而用 20% 的时间做其他事情，这样使用时间是最具有战略眼光的。

第四，什么是我最有兴趣做的？无论你地位如何，你总需要把部分时间用于做能带给你快乐和满足感的事情。这样你会始终保持生活热情，因为你的生活是有趣的。有些人认为，能带来最高回报的事情就一定能给自己最大的满足感。其实不然，这里面还有一个兴趣问题，只有感兴趣的事才能带给你快乐，给你最大的满足感。

（3）展开行动

在确立了重要的事以及分清主次之后，你必须按它们的轻重缓急开始行动。大部分人是根据事情的紧迫感，而不是事情的优先程度来安排先后顺序的。这些人的做法是被动的而不是主动的。懂得生活的人往往不是这样，他们按优先程度开展工作。以下是两个建议：

第一，规划优先表。

第二，设定进度表。

设定进度表可以帮助你安排一周、一月、一年的时间；可以给你一个整体方向，使你看到自己的宏图，从而有助于你达到目的。把一天的时间安排好，这对于你成就大事是很关键的。这样你可以每时每刻集中精力处理要做的事。同样，把一周、一月、一年的时间安排好，也是同等重要的。

3. 及时行动，绝不拖延

时间管理的第三项法则是"及时行动，绝不拖延"。我们每天都有每天的事。今天的事是新鲜的，与昨天的事不同，而明天也自有明天的事。所以应尽力做到"今日事，今日毕"，千万不要拖延到明天！每个人的一生中总有许多美好的憧憬、远大的理想、切实的计划。假使我们能够抓住一切憧憬，实现一切理想，执行每一项计划，那我们事业上的成就真不知要有多么伟大！然而我们总是有憧憬而不能抓住，有理想而不能实现，有计划而不去执行，终至坐视这些憧憬、理想、计划——幻灭和消逝！所有这一切的罪魁祸首都是拖延。

凡是将应该做的事拖延而不立刻去做，而想留待将来再做的人总是弱者。凡是有力量、有能耐的人，都会在对一件事情充满兴趣、充满热忱的时候，就立刻迎头去做。

当你对一件事情充满兴趣、热诚浓厚的时候去做，与你在兴趣、热诚消失之后去做，其难易、苦乐是不能同日而语的。因为当你充满兴趣、热诚浓厚时，做事是一种喜悦；而当兴趣、热诚消失时，做事是一种痛苦。

一个神奇美妙的印象突然闪电一般地袭入一位艺术家的心灵。但是他不想立刻提起画笔，将那不朽的印象表现在画布上，这个印象占领了他全部的心灵，然而他总是不跑进画室，埋首挥毫。最后这幅神奇的图画会渐渐地从他的心灵中消失！

塞万提斯说："取道于'等一会'之街，人将走入至'永不'之室！"假使对于某一件事，你发觉自己有了拖延的倾向，你应该急跳起来，不管那事怎样困难，立刻动手去做。这样久而久之，你自能消灭那拖延的倾向。要想成功地管理时间，就应该将要盗去你的时间、品格、能力、机会与自由的"拖延"当作你最可怕的敌人。

"要做，立刻去做！"，这是人们成功的格言。要医治拖延的习惯，唯一的方法就是在事务当前，立刻动手去做。多拖延一分，就足以使那事难做一分。

4. 珍惜今天，活在现在

成功者往往把今天看作生命中的最后一天，从而在每一个今天里让生命充实、完美。

假如今天是我们生命中的最后一天。我们该如何利用这最后、最宝贵的一天呢？首先，我们要把一天的时间珍藏好，不让一分一秒的时间滴漏。其次，不为昨日的不幸叹息，过去的已够不幸，不要再赔上今日的运道。

时光不会倒流，太阳也不可能从西边升起，而我们也终究无法纠正昨天的错误，抚平昨日的创伤，更别指望时光会倒流了。一句出口的恶言，一记挥出的拳头，一切造成的伤痛，统统无法收回。

过去的永远过去了，不要去想它，我们唯一能做的是让它永远留在昨天。

假如今天是我们生命中的最后一天，生命只有一次，而人生也不过是时间的累积，我们若让今天的时光白白流逝，就等于毁掉人生的最后一页。因此，我们必须珍惜今天的一分一秒，因为它们将一去不复返。我们无法把今天存入银行，明天再来取用。时间像风一样不可捕捉。每一分每一秒，我们都要用双手捧住，用爱心抚摸，因为它们如此宝贵。垂死的人用毕生的钱财都无法换得一口生气。

假如今天是我们生命中的最后一天，我们应该充分利用"现实"，生活于"现实"之中，不要把精力枉费于对过去的错误与失败的追悔，也不要浪费于对未来的梦幻之中。一个"现实"中的人要比那些只会瞻前顾后的人有用得多，他的生活也更能成功，更能完美。

所以在一月时，我们千万不要幻想于二月中，以致丧失了一月可能得到的一切。不要因为我们对于下一月、下一年有所计划、憧憬，而去虚度、糟蹋这一月、这一年！不要因为目光注视在天上的星光而看不见我们周围的美景，甚至踏毁我们脚下的玫瑰花朵！

假如今天是我们生命中的最后一天，我们应当下定决心，去努力改善与维护好我们现在所住的房子，把它装扮成为世界上最快乐、最甜蜜的处所，那些幻梦中的亭台楼阁、高楼大厦，在没有实现之前，还是请我们迁就些，把我们的心神仍旧贯注于现有的茅屋中。让我们先去享受现在所有的安乐、幸福，不要幻想明年不一定能得到的汽车、洋房的享受。让我们先去享受今年流行的衣服，不要妄想明年不一定可得的锦绣狐裘。我们不应当将我们的目光和心力过度集中于"明天"，不应当过度沉迷于"将来"的梦中，以免将"今天"丧失，丧失了当前的一切欢愉、幸福与机会！

我们应将全部的生命灌注于当前的"现实"中。我们应先尽自己的努力，试着从"今日"取得百分之一的幸福。假使我们从今天中只能得到百分之一的幸福，那我们也不必打算从"明日"中取得百分之九十的幸福。

假如今天是我们生命中的最后一天，我们不应该常常生活于预期与幻想的世界中，幻想过度，会使生活趋于枯燥、乏味。预期、幻想，会使我们对现在的地位与工作不感兴趣，甚至产生厌恶。它会削弱人们享受"现在"的能力。

我们经常有这样一种心理，想摆脱现在不好的地位与职务，而指望在渺茫的未来寻得快乐与幸福。其实这是一种错误的见解，假使我们有享乐的本能而不去使用，那怎么会知道这种本能不在日后失去作用呢？试问有谁可以担保，一旦脱离现有的地位，就可以得到幸福呢？有谁可以担保，今日不笑的人，明日就一定会笑呢？

假使我们能够觉悟到，只有"现在"是真实的，只有"现在"是存在的，并能彻底觉悟到世间实际上无所谓"昨天"与"明天"，而只有"今天"是可靠的，觉悟到我们不应当将我们的生命投射于"未来"的境界，或回归"过去"的地域，觉悟到我们所有的一切只是整个永恒的"现在"。而所谓年、月、日、小时、分、秒，不过是对整个永恒的"现在"的生硬而勉强的划分。假使我们能够大彻大悟到这一点，我们生命中所享有的欢乐和工作的效率，真不知要增进多少呢！

1. 善用零碎与余暇时间

要想赢取时间，首先要学会善用零碎与余暇时间。

三国时期的董遇是个大学问家，他要前去找他求学的人先"读书百遍"，之后才可能"其义自见"。当求学者抱怨说"没有时间"时，他回答说："当以'三余'，即'冬者岁之余，夜者日之余，阴雨者晴之余'也。"要充分利用寒冬、深夜和雨天学习，在古代人们就已经知道利用余暇时间来做学问了。现代人的生活节奏越来越快，许多人都常常感到时间紧张，根本没有时间干许多重要的事。而鲁迅先生曾说过："时间就像海绵里的水，只要愿挤，总还是有的。"

有人这样算过一笔账：如果每天临睡前挤出 15 分钟看书，假如一个中等水平的读者读一本一般性的书，每分钟能读300字，15分钟就能读4 500字。一个月是126 000字，1年的阅读量可以达到1 512 000字。而书籍的篇幅从60 000字到100 000字不等，平均起来大约75 000字。每天读一刻钟，一年就可以读20本书，这个数目是相当可观的，远远超过了世界上人均年阅读量，而且这并不难实现。

同样，如果你觉得自己缺乏思考问题的空闲时间，不妨试着坚持每天睡前挤出十几分钟的时间，一旦形成了习惯，长期坚持下去就很容易了。

除了认真用好余暇时间之外，我们还应该学会善用零碎时间。比如在车上时，在等待时，可用于学习，用于思考，用于简短地计划下一个行动等。把零碎时间用来从事零碎的工作，从而最大限度地提高工作效率。充分利用零碎时间，短期内也许没有什么明显的感觉，但积年累月，将会有惊人的成效。

为后世留下诸多锦绣文章的宋代文学家欧阳修认定："余平生所做文章，多在三上：马上、枕上、厕上。"

鲁迅先生是"把别人用来喝咖啡的时间都用在了写作上"。

达尔文说："我从来不认为半小时是微不足道的很小的一段时间。完成工作的方法，是爱惜每一分钟。"

看来，零碎的时间实在可以成就大事业。

没有利用不了的时间，只有自己不利用的时间。

有一个实验，很好地说明了这个道理。

老师向一个瓶子里装小石子，装满后问学生："满了吗？"

"满了！"同学们异口同声地回答。

然后老师向瓶里装沙，仍可以装进去。众学生愕然。

沙装满后，老师又问："满了吗？"

"满了！"同学们回答道。

接着，老师又向已装满石子和沙子的瓶里灌水，一直也灌不满。

莫泊桑告诉我们说："世界上真不知有多少可以建功立业的人，只因为把难得的时间轻轻放过而默默无闻。"

但实际上，有多少身处逆境、命运多舛的人，充分利用了这些被我们许多人轻易浪费的时间，从而为自己建立了人生和事业的丰碑。那些被你虚掷的时光，如果能够得到有效利用的话，完全有可能使你出类拔萃，成为杰出人物。马莉恩·哈伦德的成功主要源于她能够精打细算地利用好每一分每一秒。作为一个勤劳的母亲，她既需要照顾孩子，又需要操持家务。终其一生她都受到各种各样的消极干扰，这种干扰完全可能使得其他绝大多数妇女在琐碎的家庭职责之外不可能有任何别的作为，然而哈伦德，由于她超常的毅力和对待时间态度上的分秒必争，她最终做到了化平凡为辉煌。在妇女中很少有人能够做到像她那样。

所有这些事例都告诉我们一个道理：要想成功，必须善用余暇与零碎时间。

2. 同时处理，提高效率

每天清晨漫步在高校校园，都可看到许多边跑步边听外语广播的学生，他们懂得了充分利用时间的奥秘。许多人认为，看原版电影是较好的娱乐方式，又可学习外语。

虽然有人主张"一心不可二用"，但不可否认的是，同时处理，是现代人不可缺少的素质，同时做几件事的人，他们的脑筋的确转动得很快，办事效率也更高，无形中节约了大量的时间。

有时候我们也一边休息，一边工作，只要把工作的性质变动一下，就能轻易地做到这一点。这也是"莫氏休息法"的精髓所在。

美国著名作家杰克·伦敦的房间，有一种独一无二的装饰品，那就是窗帘上、柜橱上、衣架上、床头上、镜子上、墙上……四处贴满了各色各样的小纸条。他非常偏爱这些纸条，几乎和它们形影不离。这些小纸条上面写满各种各样的文字：有美妙的词汇，有生动的比喻……睡觉前，他默念着贴在床头的小纸条；第二天一觉醒来，他一边穿衣，一边读着墙上的小纸条；刮脸时，镜子上的小纸条为他提供了方便；在踱步、休息时，他可以到处找到启动创作灵感的语汇和资料。外出的时候，杰克·伦敦也不轻易放过闲暇的一分一秒。出门时，他早已把小纸条装在衣袋里，随时都可以掏出来看一看，思考一下。英国文学史上著名女作家艾米莉·勃朗特在年轻的时候，除了写作小说，还要承担全家繁重的家务劳动，例如烤面包、做菜、洗衣服等。她在厨房劳动的时候，每次都随身携带铅笔和纸张，一有空隙，就立刻把脑子里涌现出来的思想写下来，然后再继续做饭。

莫氏的休息方法就是从一张书桌换到另一张书桌，继续工作。若论工作量，很少有人能超过英文《新约圣经》的翻译者詹姆斯·莫法特。莫氏的书房里有三张桌子，一张摆着他正在翻译的《圣经》译稿；一张摆的是他的一篇论文的原稿；在第三张桌子上，是他正在写的一篇侦探小说。

疲劳常常只是厌倦的结果，要消除这种疲劳，停止工作是不行的，必须变换工作。就像汽车的电瓶用完了，光是把电瓶拿出来是不够的，一定要把它拿去充电，得到新的能源，才能够再使用。一个人要是能做一种以上的事，他会活得更有劲。即使这件工作无关紧要，只要他喜欢就行。

3. 恪守时间，珍惜时间

要想赢得时间，就必须做到恪守时间。约会是最需要恪守时间的了，一个不守约的人，除非失败的理由充分，否则他就是个十足的骗子，他周围的整个世界就会像对待骗子那样对待他。

贺拉斯·格里利说："一个人如果根本不在乎别人的时间，这和偷别人的钱有什么两样呢？浪费别人的 1 小时和偷走别人 5 美元有什么不同呢？况且，很多人工作 1 小时的价值比 5 美元要多得多。"华盛顿经常这样说："我的表从来不问客人有没有到，它只问时间有没有到。"

拿破仑有一次请元帅们和他共进晚餐，他们没有在约定的时间到达，他就旁若无人地先吃起来。他吃完刚刚站起来时，那些人来了。拿破仑说："先生们，现在就餐时间已经结束，我们开始下一步工作吧。"富兰克林对经常迟到却总是有借口搪塞的佣人说："我发现，擅长找借口的人通常除此之外什么都不擅长。"

约翰·昆西·亚当斯从不误时。议院开会时，看到亚当斯先生入座，主持人就知道该向大家宣布各就各位，开始会议了。有一次发生了这样一件事，主持人宣布就座时，有人说："时间还没到，因为亚当斯先生还没来呢。"结果发现是议会的钟快了 3 分钟，3 分钟后，亚当斯先生准时到达了会场。

恪守时间是工作的灵魂和精髓所在，同时也代表了明智与信用。守时代表了彬彬有礼、温文尔雅的大家风范。有些人总是手忙脚乱地完成工作，他们总是给你急匆匆的样子，就好像他们总是在赶一辆马上就要启动的火车。他们没有掌握适当的做事方法，所以很难会有什么大的成就。学校生活最大的优点之一就是有铃声催你起床，告诉你什么时间该去晨读或者上课，教你养成恪守时间、从不误时的习惯。每个年轻人都应该有一块表，可以随时看时间；事事习惯"差不多"是个坏毛病，从长远来看更是得不偿失。在著名商人阿蒙斯·劳伦斯从事商业生涯的最初 7 年里，他从不允许任何一张单据到星期天还没有处理。商业界的人士都明白，商业活动中某些重大时刻决定以后几年的业务发展状况。如果你到银行晚了几个小时，票据就可能被拒收，而你借贷的信用就会荡然无存。

恪守时间是使人信任的前提，会给人带来好名声。它清楚地表明，我们的生活和工作是按部就班、有条不紊的，使别人可以相信我们能出色地完成手中的事情。恪守时间的人一般都不会失言或违约，都是可靠和值得信赖的。办事一贯准时、恪守时间的好名声，往往是积累成功资本的第一步。有了第一步，成功自然就是水到渠成。

为了珍惜和利用自己的或者别人的时间，为了能够成为一个可靠的、值得信任的人，恪守时间是非常有必要的。

一个成功者应该珍惜自己的时间。他总是设法回避那些消耗他们时间的人，希望自己宝贵的光阴不要因为他们而多浪费一刻。一个成功的时间管理者不仅懂得如何珍惜自己的时间，而且特别珍惜别人的时间。因为他们深知这才是真正的赢取时间之道。

4. 学会授权，不要事必躬亲

一个人如果什么事都自己去做的话，暂且不说并非每件事他都能做，仅所用的时间就足以消耗他大部分光阴。所以说，要想有更多属于自己的时间，就必须学会授权。

"授权，是一个事业的成功之道。""它使每个人感到受重视、被信任，进而使他们有责任心、有参与感，这样整个团体同心合作，人人都能发挥所长，组织才有新鲜的活力，事业才会有所建树。无论在什么时代，一个杰出的领导者必定是一个高明的授权人，充分授权是领导群体的最佳手段。"

授权可以节省时间，可以使我们把时间和精力放在最感兴趣、最擅长的事情上。当然授权也需要掌握一些原则。下面介绍的是授权的十个原则：

（1）及时地授权。

（2）明确分配工作，必须了解下属的能力与才干，说明"做什么"，而非"怎样去做"。

（3）要授予权力，说明期望与目标。

（4）要评估、检查。

（5）注重成效。

（6）授权不能重复。

（7）由简至繁、循序渐进地向下授权。

（8）出现困难时，要帮助寻找解决困难的方法。

（9）不能姑息"倒授权"的行为。

（10）责任的承担者仍是你本人。

通过授权，领导人就有更多的时间思考战略性问题，把大部分精力用在最有生产力的地方。

磨炼立即行动的习惯

获取任何成功，都不是一蹴而就的事，都需要循序渐进地不懈行动。有的人看上去好像是一举成功的，但如果你仔细研究他们的历史，你就会发现他们以前就已经奠定了许多牢固的基础。那些像泡沫式成功的人，最终会轻易地失去一切。

先灭行动的绊脚石

如果一生只求平稳，从不放开自己去追逐更高的目标，从不展翅腾飞，那么人生便失去了意义。

不要为自己找借口了，诸如，别人有关系、有钱，当然会成功；别人成功是因为抓住了机遇，而我没有机遇，等等。

在行动前，很多人提心吊胆，犹豫不决。在这种情况下，首先你要问自己："我害怕什么？为什么我总是这样犹豫不决，抓不住机会？"

这些都是你维持现状的理由，其实根本原因是你根本没有什么目标，没有勇气，你是胆小鬼，你根本不敢迈出成功的第一步，你只知道成功不会属于你。

美国将军中的成功者总是拒绝人们画出的分界线，他们向传统的一切提出挑战。他们利用自己的想象力，打破旧的模式，时常让自己的信心得到升华。巴顿曾对自己的下属说："去做一件事先经过估测再去冒险，那同莽撞蛮干是两码事。"

其实我们并不是建议你去仓促行事，错误地把古怪的行径当作创造行为，我们在此所讨论的只是放开自己想象力的勇气。

这是一条生活准则：从你停止生长的那一刻起，你就开始死亡了。如果在商业中你总是毫无变化地做相同的事，那你就会破产。如果我们的行为同我们的祖先一样，那么进化过程就会停滞不前。世界会与你擦肩而过——它只为那些不断超越现状的人打开通向生活的大门。

当你面临着一个好像无法解决的问题时，先研究它。如果似乎找不到解决办法时，就放开你的想象力。想象指的是想出不在眼前的事物的具体形象。

不要被重重阻力所吓倒，要时刻都敢想敢做。

行动能使人走向成功，似乎人人都知道，但当人们面临行动时，往往就会犹豫不决，畏缩不前。"语言的巨人，行动的矮子"不在少数。

人们害怕行动。由于心态的原因，一行动就想到失败。这种恐惧的心理会摧毁你的自信，关闭你的潜能，束缚你的手脚，使你遇事不敢轻举妄动。

人对于改变，多多少少会有一种莫名的紧张和不安，即使是面临代表进步的改变也会这样。这就是害怕冒风险。行动就意味着风险，因而就出现了左顾右盼、首鼠两端、拖延观望等。特别是当形势严峻时，人们习惯的做法就是保全自己，不是考虑怎样发挥自己的潜力，而是把注意力集中在怎样才能减少自己的损失上。

有一种理论说：人有自私的天性，原因是出于自我保护的本能，付出就意味着"失去"，而行动就意味着要付出。怕行动就是不愿付出。

因此，行动可以说是一种心态。行动的障碍只有在行动中才能解决。

行动，是医治"行动恐惧症"的唯一良方。车尔尼雪夫斯基说："实践，是个伟大的揭发者，它暴露一切欺人和自欺。"

如果社交心理障碍多，就会怯懦。如果你害怕在人多的场合讲话，一定要找机会去说，大声说。想去找一个人的时候思虑太多，来回萦绕，这时候最简单也是最好的办法，就是不让自己多想，现在做，立刻就做，打断自己原有的那种思维逻辑和习惯，走出第一步，勇气就产生了。

美国一个著名的高空走钢索表演者瓦伦达在一次重大的表演中，不幸失足身亡。他的妻子事后说，我知道这一次一定要出事，因为他上场前总是不停地说，这次太重要了，不能失败，绝不能失败；而以前每次成功的表演，他只想着走钢索这件事本身，而不去管这件事可能带来的一切后果。后来，人们就把专心致志于做事本身而不去管这件事的意义、不患得患失的心态，叫做"瓦伦达心态"。

凡事先行动起来就容易达到"瓦伦达心态"。因为，一旦迅速进入行动状态后，就来不及多想。逼上梁山，背水一战，绝无退路，这样反而容易成功。

格罗根指出："无论做什么事情，开始时，最为重要的是不要让那些爱唱反调的人破坏了你的理想。"美国斯坦福大学的一项研究也表明，人大脑里的某一图像会像实际情况那样刺激人的神经系统。比如，当一个高尔夫球手击球时一再告诉自己"不要把球打进水里"时，他的大脑里往往就会出现"球掉进水里"的情景，而结果往往是球真的掉进水里。这项研究从另一个方面证实了"瓦伦达心态"。

"先投入战斗，然后再见分晓。"拿破仑如是说。只有行动起来，才能挣脱舆论的枷锁，因为"这个世界上爱唱反调的人真是太多了，他们随时随地都可能会列举出千条理由，说你的理想不可能实现。你一定要坚定立场，相信自己的能力，努力实现自己的理想。"

伟大作品《神曲》给人印象最深的，就是那一句千古名言。

但丁在其导师——古罗马诗人维吉尔的引导下，游历了惨烈的九层地狱后来到炼狱，一个魂灵呼喊但丁，但丁便转过身去观望。这时导师维吉尔这样告诉他："为什么你的精神分散？为什么你的脚步放慢？人家的窃窃私语与你何干？走你的路，让人们去说吧！要像一座卓立的塔，绝不因暴风雨而倾斜。"

只要你认准了路，确立好人生的目标，就永不回头，"走你的路，让人们去说吧"。向着目标，心无旁骛地前进，相信你一定会到达成功的彼岸。

有一项经特殊设计的心理潜能测验，用以测试运动员的承诺程序。结果证明了那些"精益求精"的选手，都愿意接受时间更长、更艰苦的训练。对于工作与事业，一个坚毅的承诺十分重要。因为，当你为完成一项计划而冲刺，或创造了宏伟蓝图时，身边并没有教练或啦啦队来刺激你的激情。这份激励的动力，必须来自你本身，你必须自我激励："这是我一生中的主要目标，我一定要全力以赴，殚精竭虑，尽我所能。"

那些愿意牺牲目前享乐，以换取未来长远成果的选手，最终会展现出最佳成绩。此法则适用于各种运动选手，从冰上曲棍球球员到马拉松运动员，无不是如此。

如何为你事业的承诺程度打分呢？这无法仅以工作时间多寡或薪资高低来衡量。其实很简单，关键就在于你想取得什么成就。

要获得卓越的成就，可能需费些时间，但你可以现在就许下承诺，志在夺标。承诺已定，成就将紧随而至。人的成就，是一点一滴茁壮成长于坚毅的承诺之中的。

再立科学行动计划

世界上有许多人没意识到自己的潜力，过分的谨慎阻碍了他们前进的脚步。他们知道自己能干得更好，但他们从没有向前进取过。同那些比他们成功的人相比，他们有同样的能力取得事业上的成功，但他们自感不如，总是找很多的理由说服自己。他们看见了机遇，但不去抓住它们。他们看到老朋友成功了，就纳闷为什么自己不行。他们也时常想拥有万贯家财，但就是不采取行动。

1. 制订行动计划

从最重要的目标开始，问问自己："我应该采取怎样的步骤来达到这个目标呢？"菲尔德爵士说："行动计划可以帮助你逐步达到目标。"想到什么，就随手写下。等到列举完毕，再重新检查，依优先顺序重新排列。从最简单、最容易，而且能尽速完成的开始着手。当你循序渐进，由浅入深，完成每一件事时，就会越来越有信心继续你的行动。

行动计划的有效原则：

（1）影像化。想象自己已经达到目标，会是一种什么样的生活概念。达到这个目标，会给你带来什么好处？要达到这个目标，你必须实行的步骤是什么？行动计划的重要内容是什么？你的答案是什么？

（2）说给你的朋友听。让可以帮助你实现目标的人知道你的计划，他们或许可以提出些有用的建议。

（3）找出问题。日常那些琐事甚至积压已久的恶习，你要怎么处理它们？答案是从最简单的开始。

2. 要闯劲，不要莽撞

粗枝大叶、闭眼蛮干，只求前进而不管实际，那不是科学的行动，那是莽撞蛮干。有勇气承担命运才是英雄好汉！世界上有许许多多的人不敢冒险，只求稳妥。我们应当采取积极的行动，敢于冒险，相信自己能展翅飞翔。我们在此要考虑的是：一生中，在某些时候我们必须采取重大的和勇敢的行动，但这只是在仔细考虑这次冒险以及成功的可能之后才采取的行动。

有许多人在得到某个机遇时却退缩不前，因为这一机遇涉及冒险。而生活中伟大的成功者在机遇降临时总愿一试身手。

在面对是否采取行动的问题上，特别是这种行动涉及冒险时，我们会发现自己容易犹豫不决、坐失良机。在这种情况中，是传统的观点在作怪：不要去尝试，不要鲁莽行动，这里很可能有危险。

缺乏信心是人们常常犹豫不决的原因。我们能完全意识到我们的弱点，而怀疑就经常从这里产生。我们对一切了解得太多，所以我们生性谨慎，愿意推迟重大的决定，有时甚至无动于衷。

但怎样才能知道别人比你决心更大呢？如果你既了解自己，也了解他人，你可能会对他们的恶习和弱点感到吃惊，他们完全有可能比你更加踌躇。问题是，你对你的一切知道得又具体又透彻，而对他人的一切却了解甚微。其实，你同"那人"可能习性相同，只要你有相同的成功机遇，你完全可以同他一决高下。

你所需要的只是敢拼敢打的闯劲。

3. 决心要大，切忌拖延

很多人没有下决心的原因就是耳根子软，容易受人左右。他们任由报纸杂志和别人的谈论来替自己思考。舆论是世界上最不值钱的商品。每个人都有说不完的看法，随时准备强加于你身上。如果你下决心的时候受人左右，那你做哪一行都不会出人头地。

如果你任由他人的意见来左右你，你就没有自己的渴望。

你有自己的头脑和心智，好好运用，自己作决定。

一份分析数百名百万富翁的报告显示，其共同特点是有着迅速下定决心的习惯。失败者往往遇事迟疑不决、犹豫再三，就算是终于下了决心，也不敢过于进取，容易"固执己见"，一点也不干脆利落，而且又习惯于朝令夕改、一夕数变。

富兰克林说："把握今日等于拥有两倍的明日。"今天该做的事拖延到明天，然而明天也无法做好的人，占了大约一半以上。应该今日事今日毕，否则可能无法做大事，也可能永远无法成功。所以，应该经常抱着"必须把握今日去做完它，一点也不可懒惰"的想法去努力才行。歌德说："把握住现在的瞬间，你想要完成的事物或理想，从现在开始做起。只有勇敢的人身上才会赋有天才的能力和魅力。因此，只要做下去就好，在做的过程当中，你的心态就会越来越成熟。那么，不久之后你的工作就可以顺利完成了。"

哪怕只有一天的时光，也不可白白浪费。那么，从现在起就下定决心，洗心革面，开始行动吧！

4. 尝试导致成功

古往今来，成功者均有一个共性，即敢于尝试。尝试，使他们开创了自己的事业，从而走向了成功。

斯太菲克在美国亨斯城退役军人管理医院疗养。那时，他经济上已经破产了，但在他逐渐康复期间，他拥有大量时间。除去读书和思考问题之外，没有太多的事可做。

经过思考他有了一个主意。斯太菲克知道：许多洗衣店都把刚熨好的衬衣折叠在一块硬纸板上，以保持衬衣的平整，避免皱纹。他给洗衣店写了一封信，获悉这种衬衣纸板每千张要花费四美元。他的想法是：以每千张一美元的价格出售这些纸板，并在每张纸板上登上一则广告。登广告当然要付广告费，这样他就可从中得到一笔收入。

斯太菲克有了这个想法，出院后，他立即付诸实践！由于他在广告领域中是个新手，他遇到了一些问题。但尝试使斯太菲克最终取得了成功。

斯太菲克继续保持他住院时所养成的习惯：每天花一定的时间学习、思考和计划。后来他决定提高他的服务效率，增加他的业务。他发现衬衣纸板一旦从衬衣上被拿掉之后，就不会为洗衣的顾客所保留。于是，他给自己提出这样一个问题："怎样才能使许多家庭保留这种登有广告的衬衣纸板呢？"解决的方法终于展现在他的心中了。

他在衬衣纸板的一面，继续印一则黑白或彩色广告，在另一面，他增加了一些新的东西——一个有趣的儿童游戏、一份供主妇用的家用食谱，或者一句引人入胜的话语。斯太菲克曾谈到一则故事：一位男子抱怨他的一张洗衣店的清单突然莫名其妙地不见了，后来他发现他的妻子把它连同一些衬衣都送到洗衣店去了，而这些衬衣他本来还可以再穿穿。原来，他的妻子这样做仅仅是为了多得到一些斯太菲克的菜谱！

但是，斯太菲克并没有就此停滞不前。他雄心勃勃。他要更进一步扩大他的行动计划。他再次找到了答案。

斯太菲克把他从各洗衣店所收到的出售衬衣纸板的收入全部送给了美国洗染协会。该协会则以建议每个成员应当使自己以及同业工会只购用斯太菲克的衬衣纸板作为回报。这样，斯太菲克就有了另一重要的发现：你给予别人好的或称心的东西越多，你的收获也就越大。

敢于尝试给斯太菲克带来了可观的财富。他发现，专心思考、敢于尝试对于成功地获取财富是十分必要的。

正是在十分宁静的情况下，我们才能想出最卓越的主意。当你抽出一部分时间从事思考时，不要以为你是在浪费时间。思考，是人类建设其他事物的基础。如果你把百分之一的时间用于学习、思考和计划，你达到目标的速度将会是惊人的。

你的一天有 1440 分钟。将这个时间的百分之一，仅仅 14 分钟，用于学习、思考和计划并养成习惯，你就会惊奇地发现：无论何时何地，即使是洗涤碗碟时、骑自行车时或洗澡时，你都可以获得建设性的主意。

你要使用人类最伟大而又最简单的劳动工具——铅笔和纸张。这样，你就可以随时记录来到你心中的灵感。当你获得灵感时，你必须敢于尝试，才能取得成功，否则，再好的思想也只能等于零。

5. 用行动去创造好运气

要当一个成功者，必须要积极地努力，积极地奋斗。成功者从来就是行动者，并且，他们不会等到"有朝一日"再去行动，而是今天就动手去干。他们忙忙碌碌尽所能干了一天之后，第二天又接着去干，不断地努力、失败、再努力、再失败，直至成功。

成功者一遇到问题就马上动手去解决。他们不花费时间去发愁，因为发愁不能解决任何问题，只会不断地增加忧虑、浪费时间。当成功者开始集中力量行动时，立刻就兴致勃勃、干劲十足地去寻找解决问题的办法。

有的人经常喜欢说"假若我还年轻……假若我当时做了那件事……假若我是他"的话，还有些人总是喋喋不休地大说特说他以前错过了什么莫大的成功机会，正在"打算"将来干什么渺渺茫茫的事业。

失败者总是考虑他的那些"假若如何如何"，所以他们在如何和假若中度过了他们的一生，最终当然是一事无成。

总是谈论自己"可能已经办成什么事情"的人，不是进取者，也不是成功者，而只是空谈家。"实干家"是这么说的："假如说我的成功是在一夜之间来临的，那么，这一夜乃是无比漫长的历程。"

不要期待"时来运转"，也不要由于等不到机会而恼火和觉得委屈，要从小事做起，要用行动争取胜利。

从现在起，不要再说自己"倒霉"了。对于成功者来说，勤奋工作就是好运气的同义词。只要专心致志去做好你现在所做的工作，坚持下去直到把事情做完，好运自然会来到。怨天尤人不会改变你的命运，只会耽误你的光阴，使你没有时间去取得成功。如果你想要"赶上好时间、好地方"，就去找一样你能够拼上一拼的工作，然后努力去干。幸运绝不是偶然的。只要勤奋工作，即刻行动，相信幸运之神肯定会光临你。

6. 从现在开始

"现在"这个词对成功而言妙用无穷，而"明天""下个礼拜""以后"或是将来某一天，往往就是"永远做不到"的同义词。有很多好计划没有实现，只是因为没有说："现在就去做，马上开始。"却说："我将来有一天会开始去做。"

人人都认为储蓄是件好事。虽然它很好，却不表示人人都会依据有系统的储蓄计划去做。许多人都想要储蓄，却只有少数人能真正做到。

如果你时时想到"现在"，就会完成许多事情；如果你时时想"将来一天"或"将来什么时候"，那就一事无成。

如果要走的路有一万步的话，一般人就都认为这段路程只是一万步机械地相加。其实一步一步慢慢走的人，会在心灵深处慢慢播下好种子，因此，不久就会收到好的效果，不必等到一万步，在半途中就会有好的变化。同时，若能领悟到潜能的话，就可以得到更大的力量，而提早达到目标。所以纵使路程看起来似乎很遥远，走起来似乎很艰苦，可是也应该忍耐，尽量正确而明朗地怀抱着希望继续走下去。

人都是很软弱的，抱着"今天实在太苦太疲倦了，明天再说吧！"这种想法的人很多。把事情拖延到明天，这是不行的，因为可能明天也是做不到的，而且明天还有明天的新工作，所以这样累积下来的工作就会越来越多了。

有些人在要开始工作时会产生厌倦的情绪，如果能把厌倦的心情压抑起来，心态就会愈来愈成熟。而当情况好转时，就会认真地去做，这时候就已经没有什么好怕的了，而工作完成的日子也就会愈来愈近。总之，马上开始工作才是最好的方法。

让行动将梦想变为现实，需要我们这样来做：

（1）立即行动

成功的秘诀是行动，立即行动！

想做的事情，立即去做！当"立即去做"从潜意识中浮现时，立即付诸行动。

从小的事情开始，立即去做！养成习惯，机会出现时，你就能立即行动。

威尔斯是多产的作家，他从来不让任何一个灵感溜走。他的方法是立刻写下来。即使在半夜，他也会打开电灯，拿起放在床头的纸和笔，记下灵感，然后再睡。

立即行动可以改变人的一生。

（2）行动与风险同在

英国批评家切斯特顿说："我是不相信命运的。行动者，无论他们怎样去行动，我不相信他们会遇到注定的命运；而如果他们不行动，我倒确信他们的命运是注定的。"

当然，行动必然伴随着风险。而且，行动越大，风险越大。我们应该怎样来看待行动的风险呢？行动从本质上说就是一次探险，如果不主动地迎接风险的挑战，便只有被动地等待风险的降临。勇于冒险求胜，你就能充分发挥潜能，比你想象的做得更多更好。

美国传奇人物、拳击教练达马托说过："英雄和懦夫都会有恐惧，但英雄和懦夫对恐惧的反应却大相径庭。"

在行动中冒风险，你能使自己平淡的生活变成激动人心的"探险经历"，这种经历会不断地向你提出挑战，不断嘉奖你，使你不断地恢复活力。

其实，这正是人生的一大乐趣。纳尔逊说："唯有面对困难或危险，才会激起更高一层的决心和勇气。"

汉明帝时，班超奉命带领 36 人去西域鄯善国，谋求建立友好邻邦。

刚到该国，鄯善国王对汉朝使团十分恭敬殷勤，但几天后，态度突然变了，变得冷漠起来。班超忙派人打听，原来是匈奴的一个 130 多人的使团正在暗中加紧活动，向鄯善国王施压，欲把鄯善国拉向北方。

形势十分严峻。班超对大家说："现在匈奴使团才来几天，鄯善国王就对我们逐渐疏远了，倘若再过几天，匈奴把他彻底拉过去，说不定会把我们抓起来送给匈奴讨好。到那时，我们不但完不成使命，恐怕连性命也难保！怎么办？"

"生死关头，一切全听您的！"随从们态度坚定，但也表示出担心，"我们毕竟只有 36 人，我们能怎么办呢？"

班超果断地说："今天夜里要以迅雷不及掩耳之势，一举消灭匈奴使团！唯如此，才有可能使鄯善国王永久与汉朝友好。"

当天深夜，班超带领36个人，借着夜色，悄悄摸到匈奴人驻地，一举歼灭了130多人的匈奴使团。

第二天早晨，班超捧着匈奴使者的头去见鄯善国王，鄯善国王大惊失色。

匈奴使者被杀，鄯善国王已经不可能再和匈奴人和好，于是只好同意和汉朝永久友好。

班超勇于冒险、当机立断、马上行动的忠勇与胆略，使其走向了成功。

行动往往与风险同在，没有风险的行动，绝对与成功无缘。因为风险与机遇并存的时候，成功人士就已经冒着风险行动了。待你观望清楚，机遇明显时，那里也许早已经人满为患了。

风险意识、冒险精神的核心，就是要你行动，赶快行动，马上行动！

伏尔泰说："人生来就是为行动的，就像火花总向上腾，石头总往下落。对人来说，没有行动，也就等于他并不存在。"

（3）行动要坚持到底

要想实现梦想必须行动，而行动必须要有恒心。

只有既有行动又有恒心的人，才能发挥潜能，才能成就伟业，才能完成目标。行动要有恒心，这是开发潜能的重要因素。诺贝尔是深谙这一点的。

可以这么说，世界上如果有100个人的事业获得巨大的成功，那么，至少有100条走向成功的不同道路。然而，请想象这样一个人，死神在他事业的路上如影相随，他却矢志不移地走向了成功。他就是家喻户晓的诺贝尔奖金的奠基人——弗莱德·诺贝尔。

1864年9月3日这天，寂静的斯德哥尔摩市郊，突然爆发出一声震耳欲聋的巨响，滚滚的浓烟雾时间冲上天空，一股股焰火直往上蹿。仅仅几分钟时间，一场惨祸发生了。当惊恐的人们赶到现场时，只见原来屹立在这里的一座工厂已灰飞烟飞，火场旁边，站着一位30多岁的年轻人，突如其来的惨祸和过分的刺激，已使他面无人色，浑身不住地颤抖着……

这个大难不死的青年，就是后来闻名于世的弗莱德·诺贝尔。诺贝尔眼睁睁地看着自己所创建的硝化甘油炸药实验工厂化为了灰烬。人们从瓦砾中找出了五具尸体，四人是他的亲密助手，而另一个是他在大学读书的小弟弟。五具烧得焦烂的尸体，令人惨不忍睹。诺贝尔的母亲得知小儿子惨死的噩耗，悲痛欲绝。年迈的父亲因大受刺激而引起脑溢血，从此半身瘫痪。然而，诺贝尔在失败面前却没有动摇。

事情发生后，警察当局立即封锁了爆炸现场，并严禁诺贝尔恢复自己的工厂。人们像躲避瘟神一样避开他，再也没有人愿意出租土地让他进行如此危险的实验。但是，困境并没有使诺贝尔退缩，几天以后，人们发现，在远离市区的马拉仑湖上，出现了一只巨大的平底驳船，驳船上并没有装什么货物，而是装满了各种设备，一个年轻人正全神贯注地进行实验。毋庸置疑，他就是在爆炸中死里逃生、被当地居民赶走了的诺贝尔！

无畏的勇气往往令死神也望而却步。在令人心惊胆战的实验里，诺贝尔依然持之以恒地坚持着，他从没放弃过自己的梦想。

皇天不负苦心人，他终于发明了雷管。雷管的发明是爆炸学上的一项重大突破，随着当时欧洲许多国家工业化进程的加快，开矿山、修铁路、凿隧道、挖运河等都需要炸药。于是，人们又开始亲近诺贝尔了。他把实验从船上搬迁到斯德哥尔摩附近的温尔维特，正式建立了第一座硝化甘油工厂。接着，他又在德国的汉堡等地建立了炸药公司。一时间，诺贝尔的炸药成了抢手货，诺贝尔的财富与日俱增。

然而，初试成功的诺贝尔，好像总是与灾难相伴。不幸的消息接连不断地传来，在旧金山，运载炸药的火车因震荡发生爆炸，火车被炸得七零八落；德国一家著名工厂因搬运硝化甘油时发生碰撞而爆炸，整个工厂和附近的民房变成了一片废墟；在巴拿马，一艘满载着硝化甘油的轮船，在大西洋的航行途中，因颠簸引起爆炸，整个轮船葬身大海……

一连串骇人听闻的消息，再次使人们对诺贝尔望而生畏，甚至把他当成瘟神和灾星。随着消息的广泛传播，他被全世界的人所诅咒。

诺贝尔又一次被人们抛弃了，不，应该说是全世界的人都把自己应该承担的那份灾难给了他一个人。面对接踵而至的灾难和困境，诺贝尔没有一蹶不振，他身上所具有的毅力和恒心，使他对已选定的目标义无反顾，永远不退缩。在奋斗的路上，他已经习惯了与死神朝夕相伴。

大无畏的勇气和矢志不渝的恒心最终激发了他心中的潜能，他最终征服了炸药，吓退了死神。诺贝尔赢得了巨大的成功，他一生共获专利发明权 355 项。他用自己的巨额财富创立的诺贝尔奖，被国际学术界视为一种崇高的荣誉。

诺贝尔成功的经历告诉我们，恒心是实现目标过程中不可缺少的条件，恒心是发挥潜能的必要条件。恒心与追求结合之后，便形成了百折不挠的巨大力量。

安东尼·罗宾认为，巨大的成功靠的不是力量而是韧性。社会竞争常常是持久力的竞争，有恒心和毅力的成功者往往成为笑到最后、笑得最好的胜利者。

从龟兔赛跑的故事中可知，竞赛的胜利者之所以是笨拙的乌龟而不是兔子，就是由于兔子在竞争中缺乏坚持精神。因而，恒心和毅力对想获得事业成功的人来说，是必备的条件。

半途而废，浅尝辄止，发挥潜能的愿望永远只能是梦。

（4）行动引发行动

大自然中没有任何一种事情可以自己行动，即使我们天天要用的几十种机械设备也离不开这个原理。因此，每一个行动前面都有另一个行动。

如果你想调节家里的室温，你必须选择行动；如果你想让你的汽车变速，那么你必须换挡才可以。这个原理同样也适用于我们的心理，先使心理平静安详，才能理顺思想，发挥作用。

做好推销的秘诀就是立即行动。不要犹豫不决，不要左顾右盼，不要拖拖拉拉。应该这么做：把汽车停好，拿着你的样品箱直接走到客户门口按门铃，微笑地对客户说"早安"，并开始推销。这些都必须像条件反射一样自动进行，根本用不着多想。这样你的工作很快就可以得到进展。在第二次或第三次拜访时，就可以驾轻就熟，你的成绩也会很好。

有一个幽默大师曾说："每天最大的困难是离开温暖的被窝走到冰冷的房间。"他说得不错，当你躺在床上认为起床是件不愉快的事时，它就真的变成一件困难的事了。就是这么简单的起床动作，即把棉被掀开，同时把脚伸到地上的自动反应，都足以击退你的恐惧了。

凡成功者都不会等到精神好时才去做事，而是推动自己的精神去做事。

为了养成行动的好习惯，你可以遵照以下两点去做。

一是，用自动反应去完成简单的、烦人的杂务。

不要想它烦人的一面，什么都不想就直接投入，一眨眼就完成了。

大部分的家庭主妇都不喜欢洗碗，拿破仑·希尔的母亲也不例外。但她自己发明了一套做法来处理，以便有时间做她喜欢做的事。

她离开饭桌时，便带着空盘子，在她根本没想到洗碗这个工作时，就已经开始洗碗了，几分钟就可以洗好。这种做法不是比清洗一大堆堆了很久的脏盘子更好吗？

现在就开始练习，先做一件你不喜欢的工作，在还没想它之前就赶快做，这是处理杂务最有效的方法。

二是，将这种方法推而广之。

把这种方法应用到"设计新构想""拟订新计划""解决新问题"，以至应用到需要仔细推敲的工作上。不能等精神来推动你去做，要推动你的精神去做。

这里有个技巧保证有效，用一支铅笔和白纸去计划。铅笔是使你"全神贯注"最好的工具。潜能大师安东尼·罗宾认为，如果要从"布置豪华、设备完善的办公室"跟"铅笔与纸"中任选一项来提高工作效率的话，他宁肯选择铅笔与纸，因为用铅笔与纸可以把心思牢牢贯注在一个问题上。

把你的想法写在纸上时，你的注意力就会集中在上面，你的潜能也会因此而发掘出来。因为我们无法一心二用，何况你在纸上写东西时，也会同时将它写在心里。如果把相关的想法同时写出来，就可以记得更久，记得更准确，这是许多实验已经证实的结论。

一旦养成这个习惯，你的思想就会促使你行动，你的行动就会引发新的行动。

（5）全力以赴，坚持到底

任何成功都必须全力以赴，坚持到底，否则你永远无法得到你想要的一切。

亨利·福特在成功之前因失败而破产过5次。丘吉尔直到62岁才成为英国首相，那时他已经历过无数次失败和挫折了。他最伟大的贡献是在他成为"年长公民"后完成的。有18位出版家否决掉理查·巴哈的1万字故事《天地一沙鸥》，最后由麦克米兰出版公司于1970年印行。到了1975年，仅在美国一地，便卖出700万本。

在成功生活的过程中，坚毅是无可取代的。但我们时常会发现许多失败的人都是有特殊天分的。他们拥有许多大好的机会，只因为太快放弃而未能成功，热衷也在一夜之间为懒惰和不耐烦所取代。

坚毅和决心才是使工作完成的要件。如果你想成功，你必须坚持到底。

斯迈尔斯认为，下定决心，不管你做什么，都要全力以赴。一位著名的教练对他的球队说过简短而振奋人心的话："当欢呼声消失了，体育场上人去楼空后；当报上的大标题已经印出，你回到自己的安静的房间，超级奖杯放在桌上，所有热闹都已消失后，剩下的就只有：致力于完美，致力于胜利，致力于尽我们最大的努力，以使这世界变得更好。"

世界上所有的一切都是宇宙有创意的表现，我们每个人都是宇宙的一部分。只有在我们致力完美时，才会去想我们是为何被造。只有视人类为神圣的杰作，才能说明每日的奋斗会使我们变成我们还未达到的人。

一位哲人说：任何人都可以数得出一个苹果里有多少种子，但只有上帝知道一粒种子里有多少苹果。

如果你要追求一种不能被摧毁的快乐和个人深切的满足，那么就去行动吧，全力以赴，坚持到底，不达目的誓不罢休。

立即行动，可以实现你最大的梦想！

史威兹喜欢打猎和钓鱼。他最大的快乐就是带着钓鱼竿和枪深入森林，几天之后再带着一身的疲惫和泥泞，心满意足地回来。

他唯一的困扰是，这项嗜好会花去太多的时间。有一天，他依依不舍地离开宿营的湖边，回到现实的保险业务工作时，突然有一个想法：荒野之中，也许有人会买保险。如果真是这样，他岂不是在外出狩猎时，一样可以工作了吗？果然，阿拉斯加铁路公司的员工正是如此；散居在铁路沿线的猎人、矿工也都是他的潜在客户。

他立刻做好计划，搭船前往阿拉斯加。他沿着铁路来回数次，"步行的曼利"是那些与世隔绝的人们对他的昵称。他受到热切的欢迎，他不但是唯一和他们接触的保险业务员，更是外面世界的象征。除此之外，他还免费教他们理发和烹饪，经常受邀成为座上宾，享受佳肴。他在短短一年内，业绩突破了百万美元，同时享受了登山、打猎和钓鱼的无上乐趣，把工作和生活作了最完美的结合！

如果他在梦想产生时，没有立即行动，就可能因此而失去了成功的机会。

记住，马上去做！

马上行动可以应用在人生的每一阶段，帮助你做自己应该做却不想做的事情。对不愉快的工作不再拖延，像曼利一样，抓住稍纵即逝的宝贵时机，实现梦想。想要打电话给一个久未联络的朋友？马上行动！

不论你现在如何，用积极的心态去行动，你就能达到理想的境地。

马上行动！